Web API 开发实战
——基于 Laravel 框架

曹 宇 熊 嵘 宋长新 编著

北京理工大学出版社
BEIJING INSTITUTE OF TECHNOLOGY PRESS

内 容 简 介

本书紧扣当前互联网开发需求和技术趋势，系统讲解 Laravel 框架下的 REST API 开发。第 1 章简述 REST API 基础，包括其必要性、协议规范及资源操作等，奠定开发理论基石。第 2 章详述开发环境搭建，覆盖所需软件工具的安装与配置。第 3 章解析 Laravel 框架核心，介绍 MVC 架构及 Laravel 项目结构。第 4～10 章通过实践案例，深入路由、中间件、控制器、Eloquent 模型及模型关系的应用，涵盖 API 资源访问验证等关键技能。全书配备丰富的代码示例与实践指导，为读者铺设一条清晰的 Laravel REST API 开发学习之路。

版权专有　侵权必究

图书在版编目（CIP）数据

Web API 开发实战：基于 Laravel 框架／曹宇，熊嵘，宋长新编著．－－北京：北京理工大学出版社，2024.10（2024.11 重印）
ISBN 978－7－5763－3879－9

Ⅰ.①W… Ⅱ.①曹…②熊…③宋… Ⅲ.①网页制作工具-程序设计-高等职业教育-教材 Ⅳ.
①TP393.092.2

中国国家版本馆 CIP 数据核字（2024）第 088518 号

责任编辑／王玲玲	**文案编辑**／王玲玲
责任校对／刘亚男	**责任印制**／施胜娟

出版发行／北京理工大学出版社有限责任公司
社　　址／北京市丰台区四合庄路 6 号
邮　　编／100070
电　　话／（010）68914026（教材售后服务热线）
　　　　　　（010）63726748（课件资源服务热线）
网　　址／http：//www.bitpress.com.cn

版 印 次／2024 年 11 月第 1 版第 2 次印刷
印　　刷／涿州市新华印刷有限公司
开　　本／787 mm×1092 mm　1/16
印　　张／13
字　　数／312 千字
定　　价／46.00 元

图书出现印装质量问题，请拨打售后服务热线，负责调换

前言

Web 项目开发技术众多,分为 Java、Python、Ruby、PHP、Node.js、Golang 和.NET 等不同阵营,各阵营间互相角逐,都有各自不错的 Web 开发框架供选择。Web 开发框架有同步的、异步的、全家桶式的、轻量级的等。

PHP 语言是开发中小型 Web 项目的第一主力语言,市面上 70% 左右的 Web 项目使用 PHP 开发。

Laravel 开发框架是一套简洁、优雅的 PHP Web 开发框架,它可以让开发者从杂乱的代码中解脱出来,快速构建一个完美的 Web 应用,并且每行代码都可以简洁、富有表达力。

REST API 项目架构是目前流行的一种互联网软件架构。它将网站资源的操作通过"动词+宾语"的 URL 结构进行标识,即将 HTTP 协议方法映射到对应的增、删、改、查业务逻辑上。其结构清晰、符合标准、易于理解、扩展方便,适用于当前移动互联前端设备多样化和前端技术多变需求,是前后端分离开发的最佳实践之一。通常 Web API 开发就是指 REST API 应用开发,而本书 Web API 项目实践,就是采用 Laravel 框架开发 REST API 项目。

本书细致描述开发环境安装和配置过程,就 REST API、Laravel 开发框架的基础和核心概念做出必要解析,并对各分类技术点进行有针对性的实践演练,包括路由实践、中间件实践、控制器实践、Eloquent 模型实践和模型关系实践等。最后以一个后端实践项目"影片信息管理"来增强 Web API 实践开发技能。

书中涉及 XAMPP、Apache、MySQL、phpMyAdmin 等众多产品,以及 Laravel 框架的相关技术,按照实践所需,进行了必要解说或适当深入。此书是上海城建学院人工智能专业群教师团队精诚合作的智慧成果,其成功问世离不开学院的鼎力支持与多家合作企业的无私协助,对此我们满怀感激之情。然而,鉴于作者的知识局限及成书时间的紧迫性,书中或许存在不足之处,我们诚挚邀请广大读者提出宝贵意见与批评指正,以期不断完善。

编 者

目 录

第 1 章 初识 REST API ··· 1
1.1 使用 REST API 的必要性 ··· 1
1.2 协议、域名和版本 ··· 1
1.3 资源路径 ··· 2
1.4 资源操作 ··· 2
1.5 状态码 ··· 4
1.6 返回结果 ··· 5

第 2 章 开发环境 ··· 7
2.1 软件清单 ··· 7
2.2 安装与配置 ··· 7
  2.2.1 Chrome 浏览器 ··· 7
  2.2.2 Postman 工具 ··· 8
  2.2.3 XAMPP 建站集成软件包 ··· 10
  2.2.4 PhpStorm 集成开发工具 ··· 20
  2.2.5 Composer 管理 PHP 项目工具 ··· 28

第 3 章 框架核心 ··· 35
3.1 核心概念 ··· 37
  3.1.1 MVC 概念浅析 ··· 37
  3.1.2 解析 Laravel MVC ··· 38
3.2 Laravel 框架概览 ··· 42
  3.2.1 Laravel 应用入口 ··· 42
  3.2.2 请求处理流程 ··· 42
  3.2.3 Laravel 项目结构 ··· 43

第 4 章 路由实践 ··· 46
4.1 路由示例浅析 ··· 46

4.2 不同请求方式的路由 ·············· 48
4.2.1 GET 请求方式路由 ············ 48
4.2.2 POST 请求方式路由 ··········· 49
4.2.3 PUT、PATCH 请求方式路由 ······· 50
4.2.4 DELETE 请求方式路由 ·········· 51
4.2.5 match 和 any 匹配请求方式 ······ 52
4.3 Resource 路由 ················· 53
4.3.1 Resource 路由概念 ············ 53
4.3.2 Resource 路由实施 ············ 53
4.4 重定向路由、视图路由和兜底路由 ······ 54
4.4.1 重定向路由 ··················· 54
4.4.2 视图路由 ···················· 54
4.4.3 兜底路由 ···················· 54
4.5 路由参数和路由组 ················· 55
4.5.1 路由参数 ···················· 55
4.5.2 路由组 ····················· 60
4.6 路由模型绑定 ···················· 63
4.6.1 隐式绑定 ···················· 63
4.6.2 显式绑定 ···················· 64
4.6.3 自定义解析逻辑 ··············· 64

第 5 章 中间件实践 ···················· 66
5.1 认识中间件 ······················ 66
5.1.1 全局中间件 ··················· 67
5.1.2 Web 或 API 中间件 ·············· 68
5.1.3 路由中间件 ··················· 69
5.1.4 使用中间件 ··················· 70
5.2 自定义中间件 ···················· 73
5.2.1 用命令创建中间件并完善代码 ····· 74
5.2.2 注册中间件 ··················· 74
5.2.3 前置操作和后置操作 ··········· 76

第 6 章 控制器实践 ···················· 79
6.1 创建控制器 ······················ 79
6.2 单行为控制器 ···················· 80
6.3 Resource 控制器 ·················· 81
6.4 API Resource 控制器 ··············· 83
6.5 注入 ··························· 83
6.5.1 构造注入 ···················· 84

6.5.2　方法注入 …………………………………………………………… 85
6.6　路由缓存 ………………………………………………………………… 85
6.7　控制器中分配中间件 …………………………………………………… 85

第 7 章　Eloquent 模型实践 ……………………………………………… 88

7.1　ORM 与 Eloquent 模型 ………………………………………………… 88
7.2　创建模型入门 …………………………………………………………… 89
7.3　迁移实践 ………………………………………………………………… 89
  7.3.1　迁移 …………………………………………………………… 89
  7.3.2　迁移文件的创建和执行 ……………………………………… 91
  7.3.3　迁移属性的类型和约束 ……………………………………… 94
7.4　Eloquent 模型约定 ……………………………………………………… 95
  7.4.1　模型类和映射表的命名 ……………………………………… 95
  7.4.2　主键 …………………………………………………………… 95
  7.4.3　时间戳 ………………………………………………………… 96
  7.4.4　数据库连接 …………………………………………………… 96
  7.4.5　默认属性值 …………………………………………………… 97
7.5　Eloquent 模型常用操作 ………………………………………………… 98
  7.5.1　数据查询与刷新 ……………………………………………… 98
  7.5.2　Eloquent 模型查询 …………………………………………… 101
  7.5.3　Eloquent 模型的增、删、改操作 …………………………… 107
  7.5.4　集合操作 ……………………………………………………… 112
  7.5.5　原生态 SQL 操作 ……………………………………………… 117

第 8 章　模型关系实践 …………………………………………………… 124

8.1　项目环境配置 …………………………………………………………… 124
8.2　一对一 …………………………………………………………………… 125
  8.2.1　准备环境 ……………………………………………………… 125
  8.2.2　配置一对一关联模型 ………………………………………… 126
  8.2.3　一对一模型 API 实践 ………………………………………… 127
8.3　一对多 …………………………………………………………………… 134
  8.3.1　准备环境 ……………………………………………………… 134
  8.3.2　配置一对多关联模型 ………………………………………… 135
  8.3.3　一对多模型 API 实践 ………………………………………… 136
8.4　多对多 …………………………………………………………………… 138
  8.4.1　准备环境 ……………………………………………………… 139
  8.4.2　配置多对多关联模型 ………………………………………… 141
  8.4.3　多对多模型 API 实践 ………………………………………… 142

第 9 章 API 资源访问验证实践 ······ 151

- 9.1 项目环境配置 ······ 151
- 9.2 API 资源配置 ······ 153
- 9.3 构建 API 验证控制器 ······ 156
- 9.4 构建 API 资源的控制器 ······ 158
- 9.5 注册路由 ······ 160
- 9.6 检验验证功能 ······ 160

第 10 章 Web API 项目实战 ······ 169

- 10.1 功能和模型分析 ······ 169
  - 10.1.1 模型分析 ······ 169
  - 10.1.2 模型关系 ······ 170
- 10.2 项目搭建和配置 ······ 170
  - 10.2.1 安装 Laravel 框架 ······ 170
  - 10.2.2 数据库连接配置 ······ 171
- 10.3 项目模型及数据表实现 ······ 172
  - 10.3.1 生成模型和迁移文件 ······ 172
  - 10.3.2 编辑迁移文件 ······ 172
  - 10.3.3 编辑模型文件 ······ 175
  - 10.3.4 添加 Seeder 数据 ······ 176
- 10.4 项目控制器实现 ······ 177
  - 10.4.1 基础控制器 ······ 177
  - 10.4.2 认证控制器 ······ 178
  - 10.4.3 API 资源控制器 ······ 183
- 10.5 角色中间件实现 ······ 193
  - 10.5.1 创建角色中间件 ······ 193
  - 10.5.2 注册角色中间件 ······ 194
  - 10.5.3 使用角色中间件 ······ 194
- 10.6 路由实现 ······ 198

第1章 初识 REST API

要学习 REST API 项目开发，首先需要了解 REST API 相关概念，包括使用 REST API 的必要性，以及相关协议、域名和版本、资源路径、资源操作、状态码和返回类型等。

学习目标

序号	基本要求	类别
1	根据应用场景，能设计相应"资源操作"	技能
2	记住常见状态码和对应的含义	知识
3	了解常见资源操作和对应的返回类型	知识

1.1 使用 REST API 的必要性

Web 应用分为前端和后端两个部分。

当前现状看，前端设备层出不穷，如 PC、手机、平板、专用装置等，相应前端应用种类和所用技术也是层见叠出，这就造成了后端开发的极大困扰，从而也导致了 API 构架的出现和流行，甚至兴起了 "API First" 的设计思想。

作为成熟的 API 设计理论，REST API 为互联网应用程序提供了一种统一的机制，方便与不同的前端设备应用进行通信，极大程度上解决了开发复杂度。为此，在采用前后端分离开发时，后端项目通常采用 REST API 构架。

为追求通用性，更好地实施前后端分离，在 REST API 构架中，数据交互通常使用 JSON 格式，身份认证则通常采用 OAuth 2.0 框架。

1.2 协议、域名和版本

REST API 与前端的通信协议，采用标准 HTTP 协议或者是具有安全性的 HTTPS 协议。

应尽量将 API 部署在专用域名之下。如下所示：

```
http://api.test.com/
https://api.test.com/
```

若有版本管理，则应该将 API 的版本号放入 URL 中。如下所示：

```
http://api.test.com/v1/
https://api.test.com/v1/
```

另外，也可将 API 和版本号放在主机名后。如下所示：

```
http://localhost/api/v1
https://localhost/api/v1
```

1.3 资源路径

资源路径就是一个具体的网址。

REST API 架构将网络上的所有数据都看成一个资源（Resource），通过一个网址来代表一个资源。网址是名词，通常名词与数据库的表名对应。数据库中的表是记录的集合，所以使用复数较为合适，同样，API 中的资源也应该使用复数。如下所示：

```
http://api.test.com/v1/genres
http://api.test.com/v1/movies
```

1.4 资源操作

对于资源的具体操作类型，由 HTTP 动词表示。

常用的 HTTP 动词有 5 个，如下所示：

（1）GET：取出资源，可一项或多项。类似于 SQL Select 操作。
（2）POST：新建一个资源。类似于 SQL Insert 操作。
（3）PUT：更新资源（客户端提交完整修改属性）。类似于 SQL Update 操作。
（4）PATCH：更新资源（客户端提交部分修改属性）。类似于 SQL Update 操作。
（5）DELETE：删除资源。类似于 SQL Delete 操作。

GET 和 POST 为基础方式，PUT 和 PATCH 方法通常由 POST 方式"模拟"处理，DELETE 方式则通过 GET 方式模拟处理。

在 Web 页面中，通过表单伪造，可将 POST 方式"模拟"为 PUT 或 PATCH。代码如下所示：

```
<form method="POST" action="/movies">
......
  <input type="hidden" name="_method" value="PUT">
</form>
```

后端框架会"辨识"为 PUT 或 PATCH 方式。对于 Laravel 框架而言，< input type = "hidden" name = "_method" value = "PUT" > 代码可用 blade 模板框架指令@ method（'PUT'）来替代。当然，为了防止跨站请求伪造攻击（Cross - site request forgery），使用 Laravel 框架时，通常在 form 中还需同时加上@ csrf 指令（或 {{csrf_field()}} 代码）。

另有 2 个不常用的 HTTP 动词，如下所示：

（1）HEAD：获取资源的元数据。

（2）OPTIONS：一般有两种作用，一是获取服务器支持的 HTTP 请求方法，二是检查访问权限。即，在进行跨站资源访问前，先用 OPTIONS 发送嗅探请求，以判断是否有访问权限。

以操作员工信息为例，设计相应的"资源操作"，见表 1-1。

表 1-1　资源操作示例

资源操作	功能描述
GET http://localhost:8080/emps	获取员工信息列表
GET http://localhost:8080/emps/create	返回新增员工信息操作界面

POST http://localhost:8080/emps
Content - Type:application/json
 	
{
　"title":"…",
　…其他属性
}
	新增员工信息。
	注：此处操作时，提供了 JSON 格式的员工属性值

GET http://localhost:8080/emps/63a7efdc8b3e91f6b67eeb73	根据 ID 值查询，返回相应员工信息
GET http://localhost:8080/emps/63a7efdc8b3e91f6b67eeb73/edit	返回修改员工信息操作界面

PUT http://localhost:8080/emps/63a7efdc8b3e91f6b67eeb73
Content - Type:application/json
 	
{
　"title":"…新值",
　…其他修改属性
}
	编辑 ID 值对应的员工，修改其属性值。
	注：此处操作时需提供 JSON 格式的员工属性值。
	用 PATCH 方式也可对部分信息进行编辑

DELET http://localhost:8080/emps/63a7efdc8b3e91f6b67eeb73	删除 ID 值对应员工信息

若返回记录数量过多，通常 REST API 应提供过滤参数，对返回结果进行过滤处理。如下所示：

（1）指定筛选条件，如返回 genre_id 值为 1 的记录。

　? genre_id =1。

（2）limit 指定返回记录的数量。

　? limit =10

（3）offset 指定返回记录的开始位置。

　? offset =10

注意，offset 和 limit 通常一起使用，返回满足某分页的记录。

（4）同时指定 offset 和 limit 参数值。

```
? offset = 10 & limit = 10
```

（5）sortby 指定获取记录时按照哪个属性排序，order 指定是正序还是反序。

```
? sortby = name & order = asc
```

1.5 状态码

HTTP 状代码是一个三位数字值，作为服务器应用响应的一部分，通常用来表达 HTTP 处理的状态。HTTP 状态代码分为 5 种类型，其首位数字定义了状态码的类型：

1××：代表服务器应用收到请求，需要请求者继续执行操作。
2××：代表请求操作被服务器应用成功接收，并得到处理。
3××：代表请求重定向，需要进一步处理。
4××：代表客户端错误，请求本身有错，造成请求无法得到满足。
5××：代表服务器错误，服务器应用在处理请求过程中发生了错误。

API 应用也是基于 HTTP 请求的，因此也遵循状态码的既定规则。API 项目开发中常见的状态码有 200、201、204、400、401、403、405、404、500 等，相应描述见表 1-2。

表 1-2 常见 REST API 状态码和提示信息

状态码	状态信息	对应动词	说明
200	OK	GET	成功返回请求的数据
201	CREATED	POST/PUT/PATCH	新建或修改数据成功
204	NO CONTENT	DELETE	删除数据成功
400	INVALID REQUEST	POST/PUT/PATCH	发出请求有错误，服务器应用没有进行新建或修改数据的操作，该操作是幂等的
401	Unauthorized	*	拒绝访问 URL 资源，未通过用户身份验证
403	Forbidden	*	拒绝访问 URL 资源，用户身份验证通过但访问权限不够
404	NOT FOUND	*	发出请求针对的是不存在的资源。服务器应用没有进行操作，该操作是幂等的
405	Method Not Allowed	*	请求的 URL 资源存在，但使用了不可接受的 HTTP 方法。如请求为 Post 方式但服务器仅实现了 Get 方式
500	INTERNAL SERVER ERROR	*	服务器端应用发生错误

注：* 代表可满足所有动词。

1.6 返回结果

针对不同的资源操作，服务器端向客户端返回的结果应该符合一定的规范。常见资源操作和对应的返回结果类型如下所示：

GET/collection：返回资源对象的列表（数组）。

GET/collection/resource：返回单个资源对象。

POST/collection：提交新增资源操作后，将返回新生成的资源对象。

PUT/collection/resource：提交编辑资源操作后，返回编辑后完整的资源对象。

PATCH/collection/resource：提交部分资源属性编辑操作后，返回编辑后完整的资源对象。

DELETE/collection/resource：删除操作后，返回空数据。

当状态码是 4××、5×× 形式时，应该向客户端返回相应的出错信息。通常返回的出错信息以 message 或 error 作为键名，键值为具体信息。如下所示：

```
{
'code' =>422,
'message' =>'编辑数据无法处理'
}
```

实践巩固

1. 根据应用场景设计"资源操作"

假设有公司要对经典影片信息进行收集管理。管理功能包括：将经典影片的信息保存起来；获取影片列表信息；获取单个影片的详细信息；编辑修正影片信息；删除不需要的影片信息等。

请在表 1-3 中根据"功能描述"填写对应的"资源操作"。

表 1-3　根据功能描述填写资源操作

功能描述	资源操作
获取影片信息列表	
返回新增影片信息操作界面	
新增影片信息。 注：操作时，需提供 JSON 格式的影片属性值	
根据 ID 值查询，返回相应影片信息	
返回修改影片信息操作界面	
编辑 ID 值对应的影片，修改其所有属性值。 注：操作时，需提供 JSON 格式的影片属性值	

续表

功能描述	资源操作
编辑 ID 值对应的影片，修改部分属性值。 注：指定修改影片名和片长 2 个属性值	
删除 ID 值对应影片信息	

2. 写出常见状态码的意义

在 API 开发中，能快速辨识常见状态码的意义还是有必要的。请在表 1-4 中根据"状态码"填写对应的"意义"。

表 1-4 状态码的意义

状态码	意义
200	
400	
401	
404	
500	

第 2 章 开发环境

工欲善其事，必先利其器。通过实践来学习 Web API 项目开发技能，必须事先搭建好开发环境，完成一些软件的安装和配置。

学习目标

序号	基本要求	类别
1	了解 API 开发所需软件和相应软件的功能	知识
2	掌握 API 开发所需软件的安装和配置流程	技能

2.1 软件清单

在 Windows 10 操作系统环境下，安装如下软件：
- Chrome：109.0.5414.75_chrome_installer.exe
- Postman：Postman_Win64_v8.7.0.exe
- XAMPP：xampp-windows-x64-8.2.0-0-VS16-installer.exe
- PhpStorm：PhpStorm-2022.3.1.exe
- Composer：Composer-Setup.exe

以上软件可自行从网上下载，也可从教材配套的安装软件包中获取。

2.2 安装与配置

2.2.1 Chrome 浏览器

Chrome 是由谷歌公司发布的一款智能浏览器，其内核（Chromium）开源，支持多种标准和技术，深受程序员欢迎。

1. 功能说明

在测试 Web 项目网页效果和功能时，Chrome 浏览器通常作为标准浏览器使用。

2. 下载

进入网页 https://www.google.cn/chrome，单击下载 Chrome 按钮，如图 2-1 所示。

图 2-1　Google 网站下载 Chrome 浏览器

3. 安装

双击下载的安装软件，如 109.0.5414.75_chrome_installer.exe，即可完成安装。

4. 检验可用性

打开 Chrome 浏览器，在地址栏输入 www.baidu.com，按 Enter 键后若观察到百度首页，则说明 Chrome 浏览器可用，如图 2-2 所示。

图 2-2　输入网址观察 Chrome 浏览器是否可用

2.2.2　Postman 工具

Postman 是一款强大的 API 调试工具，能模拟各种 HTTP 的请求方式，比如 GET、POST、DELETE、PUT、PATCH 等请求方式。

1. 功能说明

在设计和测试 REST API 各项功能时，通常不再使用浏览器，转而使用 Postman 专业工具，来简化相应的测试操作。

2. 下载

进入网页 https：//www.postman.com/downloads/，单击下载 Windows 64 位版 Postman，如图 2-3 所示。

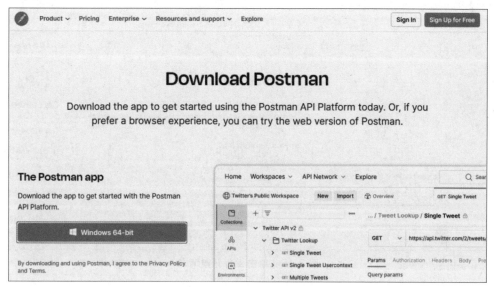

图 2-3　下载 Postman 软件

3. 安装

双击 Postman_Win64_v8.7.0.exe，即可完成安装。

4. 检验可用性

在 Postman 工具中，单击 Skip and go to the app，进入操作主窗体，如图 2-4 所示。

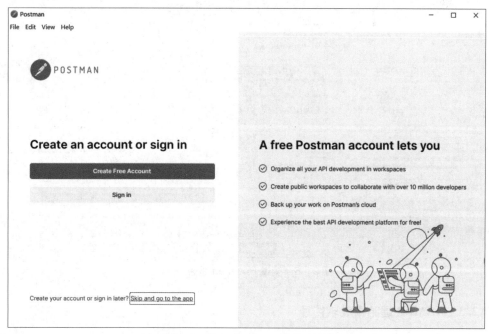

图 2-4　进入 Postman 操作主窗体

在 Postman 操作主窗体中，单击+号，新建一个请求，如图 2-5 所示。

图 2-5　单击+号新建请求

在请求操作窗体中，设置请求方式为 GET，输入 URL 为 http://www.baidu.com，单击 Send 按钮，若返回正常响应，如有 200 状态码和相应 Body 信息，则说明 Postman 可用，如图 2-6 所示。

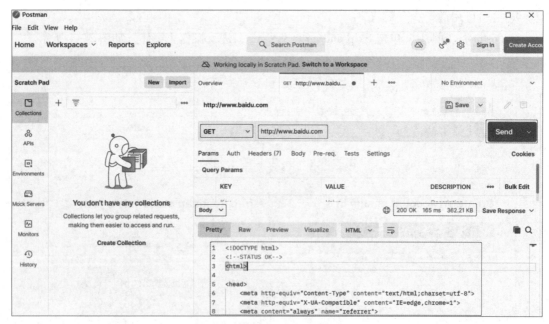

图 2-6　测试 Postman 是否可用

2.2.3　XAMPP 建站集成软件包

XAMPP 是一款功能强大的、市场占有率居前的 Web 开发集成软件包。

XAMPP 已成功内置了 Apache、MySQL、PHP、PERL 等 Web 开发所需环境，因其主要运行于 Linux 系统上，早期名为 LAMPP，而实际上该软件包可运行在 Windows、macOS 等其他系统上，最新几个版本就改名为 XAMPP 了。

XAMPP 易于安装和使用，只需下载、解压缩、启动即可。

1. 功能说明

本书项目开发过程会使用到 XAMPP 中的 4 个组件：Apache 服务、MySQL 服务（目前为 MariaDB）、PHP 语言和 phpMyAdmin 数据库管理系统。

相关功能简述如下：

（1）Apache 是市场使用率排名第一的 Web 服务器软件，通过简单的 API 扩充，就可将 PHP 解释器编译到服务器中。

（2）MySQL 是当前流行的关系型数据库管理系统（Relational Database Management System，RDBMS）。在进行 Web 应用开发时，MySQL 通常被认为是最佳搭配。

（3）PHP（Hypertext Preprocessor，超文本预处理器）是一种在服务器端执行的脚本语言，尤其适用于中小型 Web 应用开发。PHP 语言非常灵活，本身屏蔽了很多技术细节，让开发者将重心更多地放在 Web 应用的业务逻辑实现上。

（4）phpMyAdmin 是以 PHP 脚本编写的 Web 应用，用于管理 MySQL 数据库。其可完成创建、修改、删除数据库和数据表，创建、修改、删除、查询数据记录，以及导入和导出数据库等各种数据库管理任务。

2. 下载

在网站 https://www.apachefriends.org 下载 Windows 版 XAMPP，如图 2-7 所示。

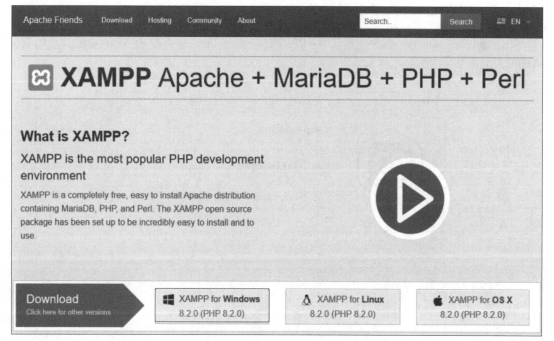

图 2-7 下载 Windows 版 XAMPP

3. 安装

XAMPP 默认受到了"用户账户控制（UAC）"设置的限制，无权安装到"系统盘"（如 C:盘）下。如果一定要安装到系统盘中，则应打开"用户账户控制设置"对话框，将滚动条拉至最低，如图 2-8 所示。操作后，建议重启系统，使"用户账户控制"设置起效。

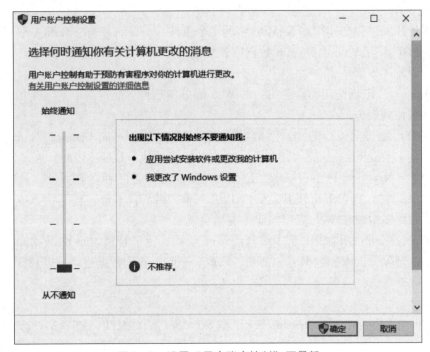

图 2-8 设置"用户账户控制"至最低

双击 xampp-windows-x64-8.2.0-0-VS16-installer.exe，单击 Next 按钮，开始安装 XAMPP，如图 2-9 所示。

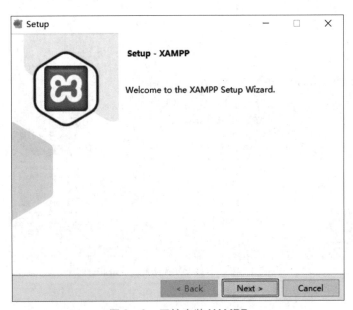

图 2-9 开始安装 XAMPP

勾选 MySQL、phpMyAdmin，单击 Next 按钮，安装必要组件，如图 2-10 所示，系统会安装上 Apache、MySQL、PHP 和 phpMyAdmin 这四个开发中所需的组件。

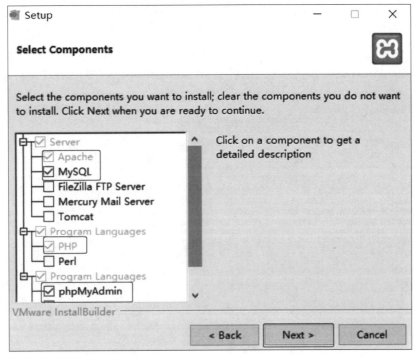

图 2-10　勾选安装 MySQL、phpMyAdmin 等必要组件

更换安装目录（此处安装到 C:\xampp 目录），单击 Next 按钮，如图 2-11 所示。

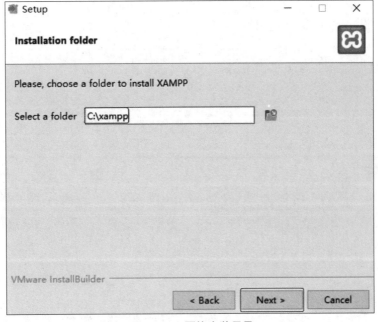

图 2-11　更换安装目录

选择控制面板支持的语言（此处选用 English 英语），单击 Next 按钮，如图 2-12 所示。

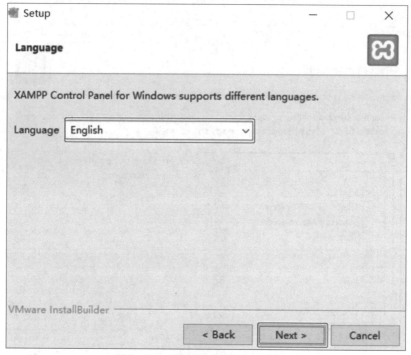

图 2-12　选择控制面板支持的语言

单击 Next 按钮，开始正式安装 XAMPP，如图 2-13 所示。

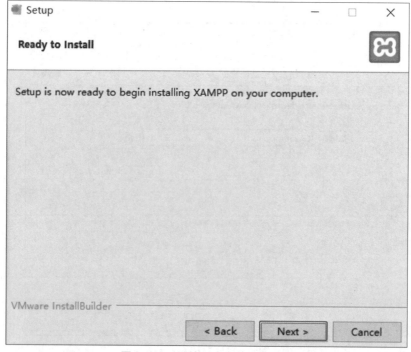

图 2-13　开始正式安装 XAMPP

安装过程中，若出现询问防火墙是否阻止 Apache 的网络服务功能时，单击允许访问按钮，如图 2-14 所示。

图 2-14　设置防火墙允许访问 Apache

勾选 Do you want to start the Control Panel now，即完成安装后立即启动 XAMPP 控制面板；单击 Finish 按钮，完成安装，如图 2-15 所示。

图 2-15　完成安装后立即启动 XAMPP 控制面板

启动 XAMPP 控制面板，如图 2-16 所示。

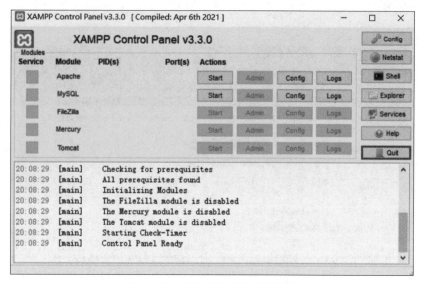

图 2-16　启动 XAMPP 控制面板

4. 检验可用性

（1）启动 Apache 和 MySQL 服务。

双击 C:\xampp\xampp-control.exe，启动 XAMPP 控制面板（若已经自动启动 XAMPP 控制面板，则忽略该启动过程）。

单击 Apache 和 MySQL 右侧的 Start 按钮，启动 Apache 和 MySQL 服务，如图 2-17 所示。

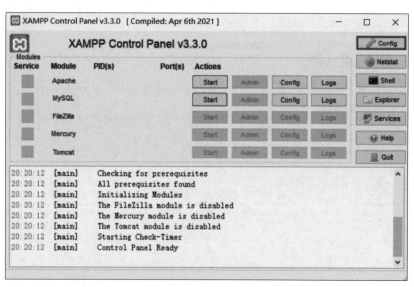

图 2-17　启动控制面板中的 Apache 和 MySQL 服务

单击 Start 按钮后，若启动成功，Start 按钮会转换为 Stop 按钮。当然，单击 Stop 按钮可停止相应服务。

启动 Apache 服务过程中，若出现问题，通常是 80、443 端口被占用，可用如下两种方式处理。

①先关闭监听 80、443 端口的相关应用，然后通过 XAMPP 控制面板启动 Apache 服务。

②修改 Apache 的服务器端口。具体如下：

单击控制面板右上方的 Config 按钮，打开控制面板配置窗口，在窗口中单击 Service and Port Settings 按钮，如图 2-18 所示。

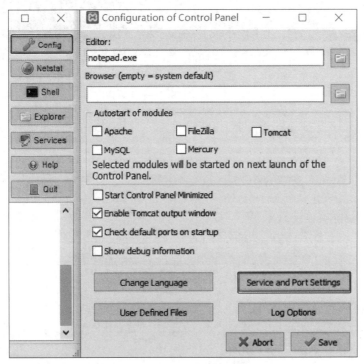

图 2-18 进入 Apache 配置窗口

在 Service Settings 窗口中修改 Main Port 和 SSL Port 值（实际上将修改 Apache 的配置文件 xampp\apache\confhttpd.conf），单击 Save 按钮确认修改操作，如图 2-19 所示。

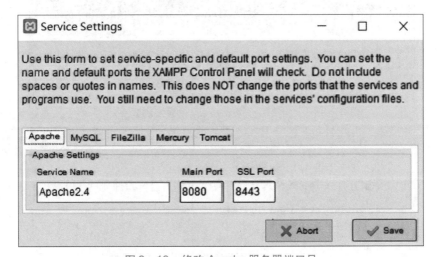

图 2-19 修改 Apache 服务器端口号

此外，MySQL 默认服务器端口号为 3306。若要修改，可单击 MySQL 选项卡后进行类似操作。

启动 MySQL 服务过程中，若出现询问防火墙是否阻止 MySQL 服务功能时，单击允许访问按钮即可，如图 2-20 所示。

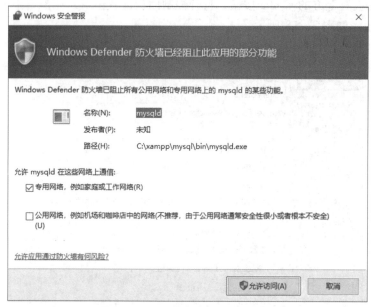

图 2-20　允许访问 MySQL 服务

（2）测试 XAMPP 整体可用性。

使用 Chrome 浏览器访问 http://localhost，若显示 XAMPP 首页，则说明 XAMPP 安装成功，整体能对外服务，如图 2-21 所示。

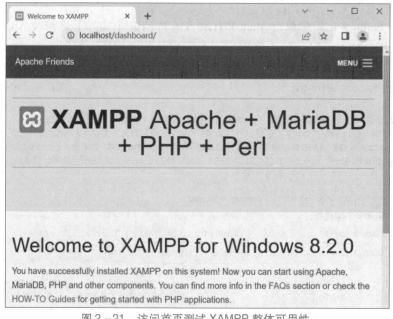

图 2-21　访问首页测试 XAMPP 整体可用性

(3) 测试 Apache。

在 C:\xampp\htdocs 目录中创建 test.html 文件，代码如下所示：

```
<html>
<body>
  欢迎使用Apache
</body>
</html>
```

注：htdocs 目录是 Apache 服务器的文档根目录，可放置 .html、.js、.css 等资源文件。

用 Chrome 浏览器访问 http://localhost，若显示 test.html 页信息，如图 2-22 所示，则说明 Apache 功能可用，能按请求返回静态资源。

图 2-22　测试 Apache 功能是否可用

(4) 测试 PHP。

在 C:\xampp\htdocs 目录中创建 test.php 文件，代码如下所示：

```
<html>
<body>
<?php
  echo "Welocme,PHP";
?>
</body>
</html>
```

注：.php 文件为动态页，在 html 静态页面中嵌入 PHP 脚本可达到内容动态化效果。

用 Chrome 浏览器访问 http://localhost/test.php，若能正常显示 test.php 页信息，则说明 PHP 功能正常，可处理页面中嵌入的 PHP 脚本，如图 2-23 所示。

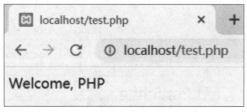

图 2-23　测试 PHP 功能是否正常

(5) 测试 MySQL 和 phpMyAdmin。

在 Chrome 浏览器地址栏输入 http://localhost/phpMyAdmin，按 Enter 键。显示 phpMyAdmin 管理 MySQL 页的界面，说明 MySQL 服务启动正常，phpMyAdmin 配置也正确，如图 2-24 所示。

在 phpMyAdmin 管理页中，左侧显示的是 MySQL 上的数据库，可单击进行查看和管理，也可单击"新建"链接创建新数据库；右侧显示服务器类型为 MairaDB，这说明 XAMPP 中实际内置了 MariaDB 产品。MariaDB 是 MySQL 的一个分支，作为一款开源软件，其完全兼容 MySQL，可看成 MySQL 的代替品。

图 2-24 测试 MySQL 和 phpMyAdmin 功能可用

2.2.4 PhpStorm 集成开发工具

PhpStorm 是一款高效智能的集成开发工具（Integrated Development Environment，IDE），完美支持 Laravel、WordPress、Symfony、Drupal 等 PHP 主流开发框架，因而备受企业开发者的青睐。

1. 功能说明

PHP 项目开发可选用的 IDE 有很多，常见的有 PhpStorm、Sublime Text、Zend Studio、Visual Studio Code 等。但因为 PhpStorm 对 Laravel 开发框架支持极佳，所以采用 PhpStorm 进行 Laravel REST API 开发更为适合。

2. 下载

进入 https://www.jetbrains.com/zh-cn/phpstorm/download 网站，下载 Windows 版 PhpStorm，如图 2-25 所示。

图 2-25 下载 PhpStorm

3. 安装

双击 PhpStorm - 2022.3.1.exe 进行安装。单击 Next 按钮，如图 2-26 所示。

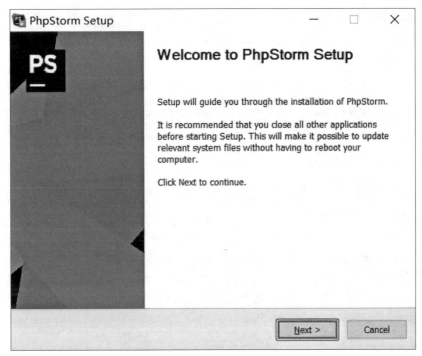

图 2-26　开始安装 PhpStorm

在打开的窗口中可修改 PhpStorm 安装目录，这里保持不变，如图 2-27 所示。

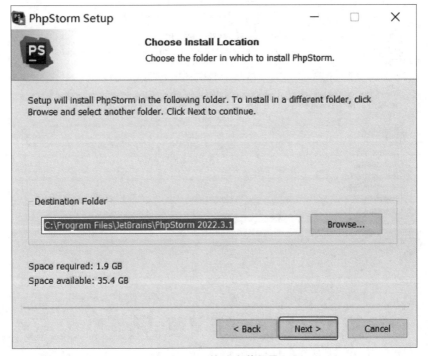

图 2-27　修改安装目录

为便于后续开发操作，建议勾选创建桌面快捷方式、添加 bin 目录至 PATH 环境变量、建立与 .php 扩展名文件关联等选项。然后单击 Next 按钮，如图 2-28 所示。

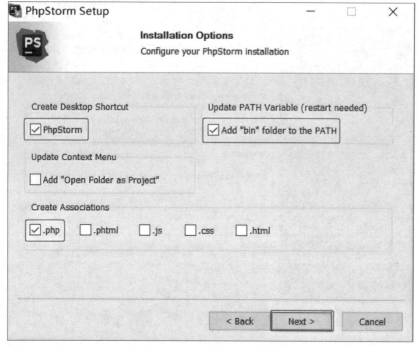

图 2-28　勾选必要选项

单击 Install 按钮，正式开始安装，如图 2-29 所示。

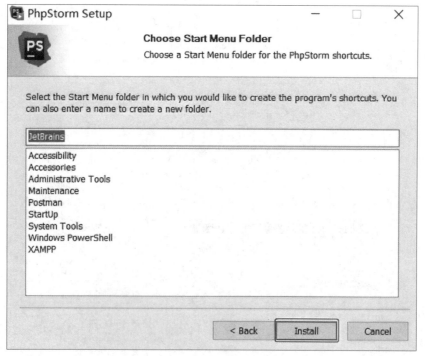

图 2-29　单击 Install 按钮开始正式安装

单击 Finish 按钮，完成安装，如图 2-30 所示。

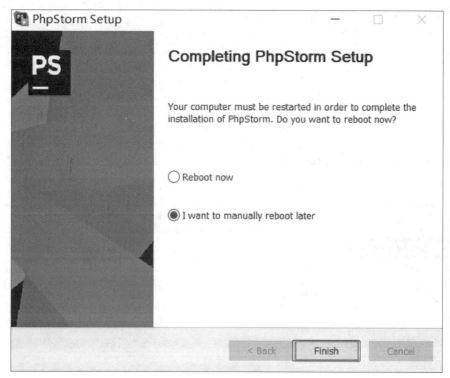

图 2-30　单击 Finish 按钮完成安装

4. 配置

（1）更改主题。

单击 Customize，选择自己喜欢的主题，这里选择 IntelliJ Light，如图 2-31 所示。

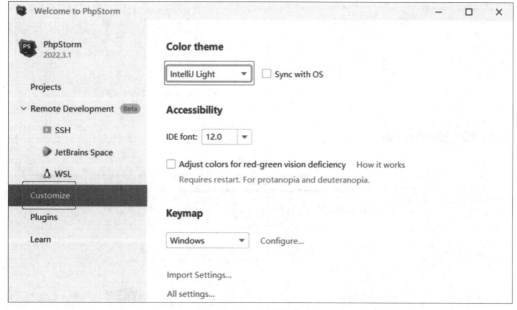

图 2-31　修改主题

(2) 设置 Encoding 格式 UTF-8。

为防止中文乱码，建议修改编码格式。操作如下：

单击 All settings，如图 2-32 所示。

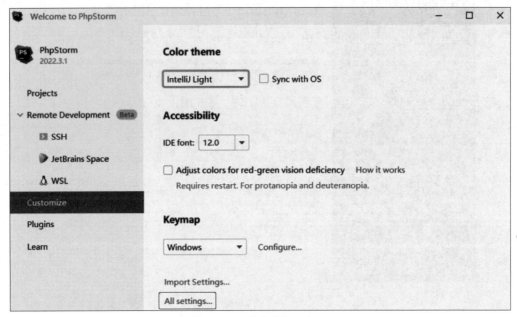

图 2-32　单击 All settings

单击 Editor→File Encodings，将 Global Encoding、Project Encoding 以及 Default encoding for properties files 的编码格式都设置为 UTF-8，然后单击 Apply 按钮，如图 2-33 所示。

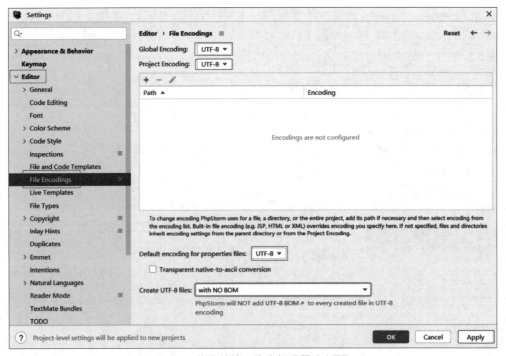

图 2-33　将字符编码格式都设置为 UTF-8

(3) 配置 PHP 环境。

单击 Languages & Frameworks→PHP，单击 CLI Interpreter（PHP 的命令行接口解释器）的设置按钮；在 CLI Interpreters for New Projects 窗口中单击＋号按钮，选择 Local Path to Interpreter，如图 2 - 34 所示。

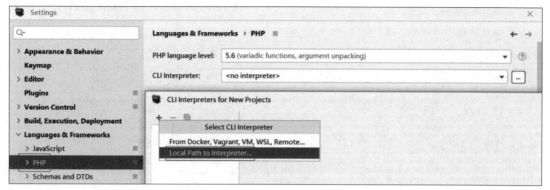

图 2 - 34　进入 CLI Interpreter 设置

在 PHP executable 输入框中设置 XAMPP 所带 PHP 解释器文件的位置，此处为 C:\xampp\php\php.exe，如图 2 - 35 所示；接着设置相适应的 PHP language level，此处选择最接近 8.2 版的"8.1"。

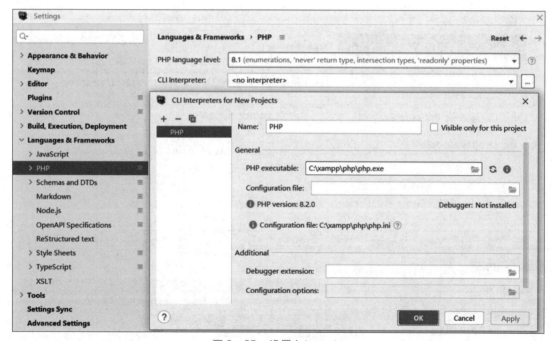

图 2 - 35　设置 Interpreter

5. 检验可用性

打开 PhpStorm 集成开发环境，单击 Projects 选项，单击 New Project 按钮，创建项目，如图 2 - 36 所示。

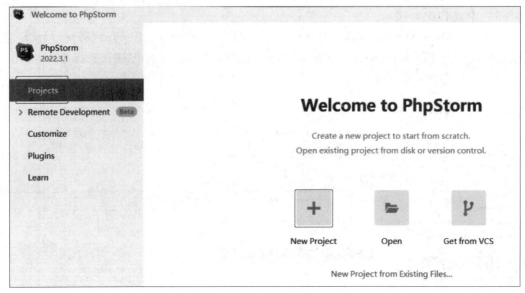

图 2-36　创建项目

在 New Project Location 输入框输入项目存放目录，按 Enter 键创建项目。此处输入为 C:\Users\Cy\PhpstormProjects\testPhp，即在 C:\Users\Cy\PhpstormProjects 目录下创建项目 testPhp，如图 2-37 所示。

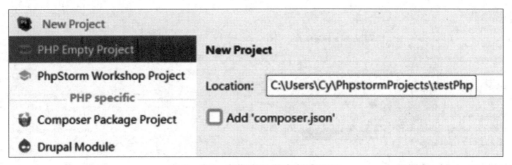

图 2-37　在指定目录中创建项目

右击项目，选择 New→PHP File，如图 2-38 所示。

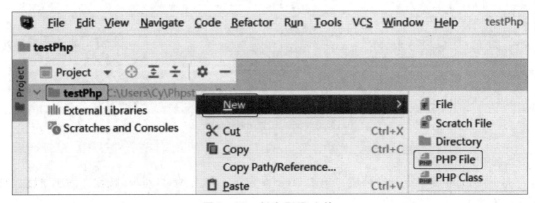

图 2-38　创建 PHP 文件

在弹出窗体的 File name 输入框中输入文件名 test（会自动加后缀 .php），如图 2-39 所示。

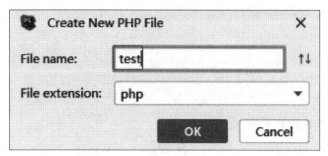

图 2-39 创建 PHP 文件 test.php

输入执行代码：

```
echo 'Hello';
```

单击顶部的三角形运行按钮，将在下方运行控制台窗口中显示执行结果 Hello，如图 2-40 所示。

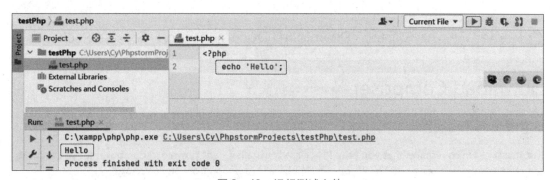

图 2-40 运行测试文件

若此时单击右侧 Chrome 浏览器图标，如图 2-41 所示，将打开 Chrome 浏览器，返回 test.php 动态网页的执行结果，如图 2-42 所示。

图 2-41 单击右侧 Chrome 浏览器

注：PhpStorm 有内置的 Web 服务器（如图 2-42 所示，侦听 63342 端口），可将 .php 文件部署到 Web 服务器中，作为动态网页对外服务。

以上测试的成功，说明 PhpStorm 已安装和配置成功。

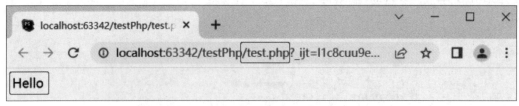

图 2-42 在浏览器中返回执行结果

2.2.5 Composer 管理 PHP 项目工具

Composer 是一个 PHP 项目管理工具，能帮助开发者从 packagist.org 网站和 Github 代码库下载 PHP 项目所依赖的代码库。

1. 功能说明

Laravel 项目作为 PHP 框架项目，在实际开发时，由 Composer 创建和管理。

2. 下载

进入 https://getcomposer.org/download/ 网址，单击下载 Windows 64 位版 Composer，如图 2-43 所示。

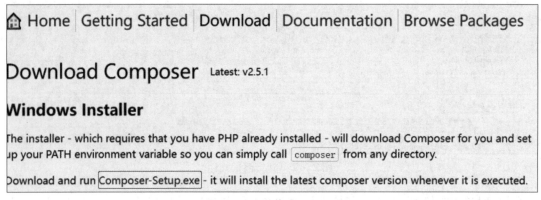

图 2-43 下载 Composer

3. 安装

双击 Composer-Setup.exe，打开安装界面，单击 Next 按钮，开始安装 Composer，如图 2-44 所示。

系统将检测到 XAMPP 下的 PHP，此处建议不做修改，令 Composer 使用 XAMPP 所带的 PHP 解释器；勾选"Add this PHP to your path?"，单击 Next 按钮，如图 2-45 所示。

不设置代理，直接单击 Next 按钮，如图 2-46 所示。

单击 Install 按钮，正式进行安装，如图 2-47 所示。

单击 Next 按钮，单击 Finish 按钮，完成 Composer 安装，如图 2-48 所示。

第 2 章　开发环境

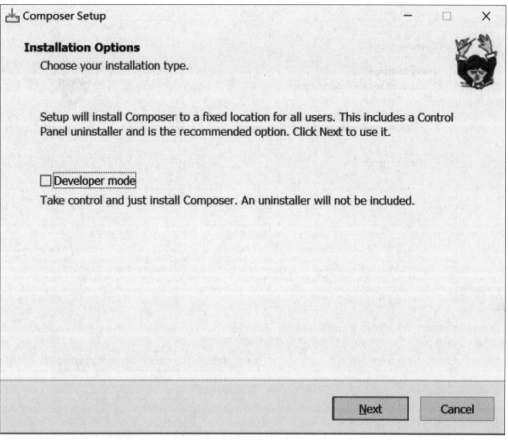

图 2-44　开始安装 Composer

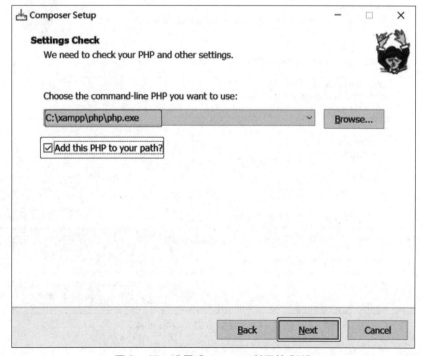

图 2-45　设置 Composer 所用的 PHP

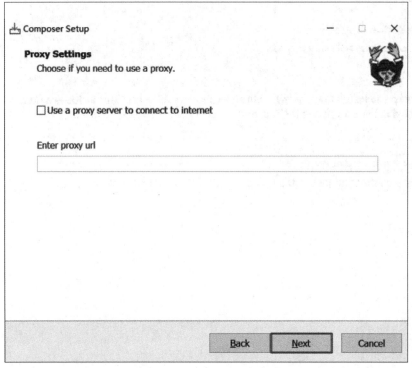

图 2-46　不设置代理

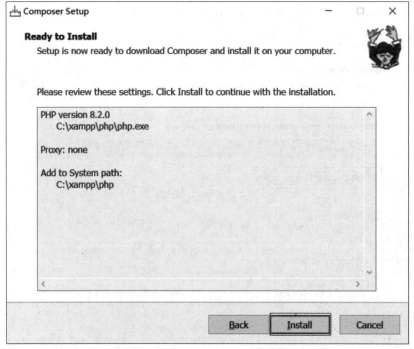

图 2-47　正式安装 Composer

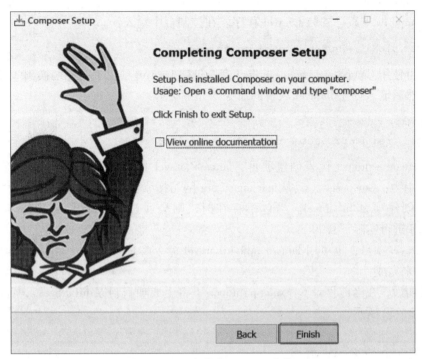

图 2-48　完成 Composer 安装

4. 检验可用性

（1）测试 Composer 可用。

打开控制台命令窗口，输入：

```
composer -v
```

若成功安装，则可观察到 Compose 版本号和使用说明，如图 2-49 所示。

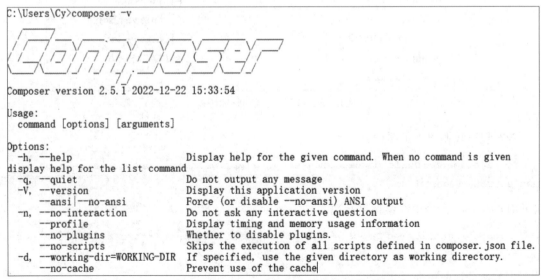

图 2-49　Composer 版本号和使用说明

（2）创建 Laravel 项目。

使用 Composer 下载、安装 Laravel 程序。在控制台中输入：

```
composer global require laravel/installer
```

接下来可使用 Composer create-project 命令创建 Laravel 项目了。先切换到 XAMPP 的 htdocs 目录，然后输入创建 Laravel 项目的命令，如下所示：

```
cd c:\xampp\htdocs
composer create-project laravel/laravel hiLaravel
```

说明：create-project 代表创建项目，laravel/laravel 是包名，hiLaravel 为创建项目的目录。整体作用为：Composer 工具从 packagist.org 网站搜索到 laravel/laravel 包，由该包和相应依赖包去创建项目 hiLaravel。当包不存在时，则会通过 packagist.org 指示路径，转至 Github 代码库进行实际下载。

创建 Laravel 项目，也可用 laravel new hiLaravel 命令实现。当然，实际执行时，还是交由 Composer 来完成。

执行成功后，在当前目录 C:\xampp\htdocs 下将生成项目目录 hiLaravel。项目目录的整体结构如图 2-50 所示。

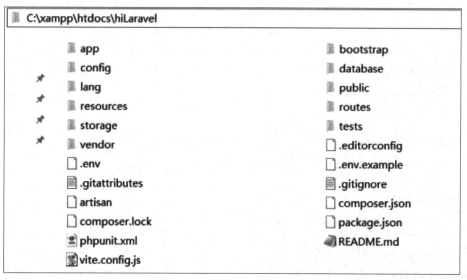

图 2-50 项目目录的整体结构

若安装过程抛出如下错误：

```
curl error 28 while downloading https://repo.packagist.org/packages.json: SSL connection timeout.
```

则可用 composer 命令更改镜像来解决。如下所示：

```
composer config -g repo.packagist composer https://mirrors.aliyun.com/composer/
```

若安装过程抛出如下错误：

```
Failed to download laravel/laravel from dist:The zip extension and unzip/7z com-
mands are both missing,skipping.
    The php.ini used by your command-line PHP is:C:\xampp\php\php.ini
    Now trying to download from source
```

则可将 PHP 的 zip 模块设置为可用解决。即打开 C:\xampp\php\php.ini 文件，去除 extension = zip 之前的分号。

综上，使用 Composer 工具创建 Laravel 项目，避免出错的最佳操作步骤为：

① 修改 C:\xampp\php\php.ini 文件，去除 extension = zip 之前的分号。

② 依次执行以下命令：

```
composer global require laravel/installer
composer config -g repo.packagist composer https://mirrors.aliyun.com/composer/
cd c:\xampp\htdocs
composer create-project laravel/laravel hiLaravel
```

③ 在 composer create-project laravel/laravel 命令后带上版本号。如：

```
composer create-project laravel/laravel myPrj 9
```

创建出 Laravel 9 版本项目 myPrj。

（3）访问 Laravel 项目。

在 XAMPP 控制面板中启动 Apache 服务；单击 Aapche 右侧的 Start 按钮，Apache 启动后，按钮文字应该显示为 Stop，如图 2-51 所示。

图 2-51　启动 Apache

用 Chrome 浏览器访问 http://localhost/hiLaravel/public/ 网址，将显示创建项目 hiLaravel 的首页效果，如图 2-52 所示。

至此，PHP 项目管理工具 Composer 安装成功。可通过 Composer 创建和管理 Laravel 项目了。

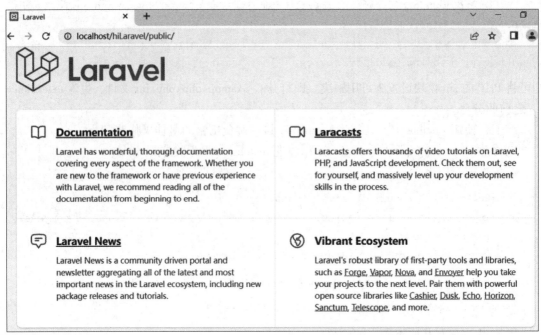

图 2-52　显示创建项目首页

实践巩固

（1）安装 Chrome 浏览器，并检验可用性。

（2）安装 API 测试工具 Postman，并检验可用性。

（3）安装建站集成软件包 XAMPP，并检验可用性。

（4）安装、配置集成开发工具 PhpStorm，并检验可用性。

（5）安装、配置 PHP 项目管理工具 Composer，创建 Laravel 项目。

第 3 章

框架核心

本章将简述 Laravel 框架的一些概念和工作原理。随着对框架认知的不断提升和全面了解，Laravel 项目搭建过程会得心应手，功能开发也会游刃有余。

学习目标

序号	基本要求	类别
1	了解 Laravel MVC 设计模式	知识
2	初步掌握 Laravel 框架下 MVC 模式项目的开发	技能
3	理解 Laravel 框架对请求的处理流程	知识

学习本章内容之前，应先创建 Laravel 项目，然后用 PhpStorm 打开项目。简略操作步骤则可参考如下：

（1）修改 C:\xampp\php\php.ini 文件，去除 extension = zip 之前的分号注释符。

（2）依次执行以下命令：

```
composer global require laravel/installer
composer config -g repo.packagist composer https://mirrors.aliyun.com/composer/
cd c:\xampp\htdocs
composer create-project laravel/laravel hiLaravel
```

（3）在 XAMPP 控制面板中启动 Apache。

（4）用 PhpStorm 打开 hiLaravel 项目。

在 PhpStorm 开发工具中，单击 File→Open，打开创建项目 hiLaravel 所在目录，如图 3-1 所示。

在 PhpStorm 开发工具中会展开 Laravel 项目结构，如图 3-2 所示。

图 3-1 用 PhpStorm 打开所创建项目 hiLaravel 的目录

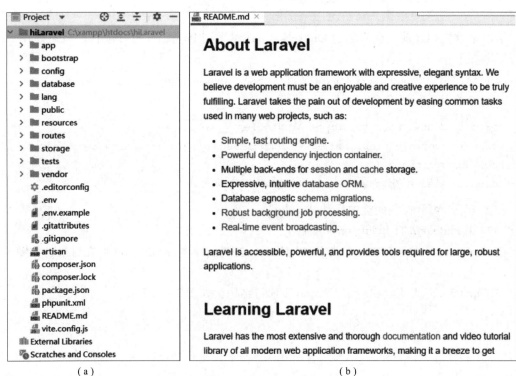

(a)　　　　　　　　　　　　　　　(b)

图 3-2 Laravel 项目结构

3.1 核心概念

Laravel 是 PHP 为方便开发 Web 项目而提供的一个 MVC 开发框架。

MVC 是一种软件设计模式，将设计软件分为三个核心部件：Model（模型）、View（视图）和 Controller（控制器）。

在 MVC 设计模式中，三个核心部件各自处理自己的任务。①视图是用户看到并与之交互的界面。②模型表示数据和定义业务规则。③控制器接受用户的输入并调用模型和视图去完成用户的需求。

MVC 具有低耦合性、便于维护、高重用性、有利于软件工程化管理等优点。在目前主流开发技术中大行其道，为多数开发者所推崇。

3.1.1 MVC 概念浅析

模型与数据有关，通常与数据库交互；控制器针对请求，实施业务逻辑；视图主要用来展示数据。MVC 各组件之间的关系如图 3-3 所示。

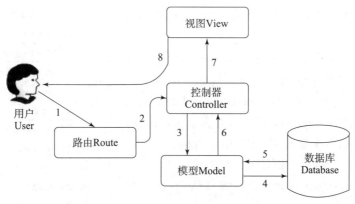

图 3-3 MVC 关系图

图 3-3 中除了用户（如浏览器）外，其他内容是应用组成部分。其中还有路由（Route），路由是将用户请求匹配到特定控制器方法来处理。

以传统 Web 请求处理过程为例，MVC 框架应用的处理过程一般如下：

（1）用户使用浏览器发送请求。
（2）应用将请求映射到某个特定路由。
（3）路由映射到匹配的控制器方法，由控制器处理请求。
（4）若业务逻辑需要操作数据，则控制器将数据传给模型，多出执行步骤（5）、（6）。否则，执行步骤（7）。
（5）模型与数据库交互，如插入数据、修改数据、查询数据或删除数据等。
（6）模型处理完的数据返回控制器。
（7）控制器将模型传给视图。
（8）视图处理、美化界面，将数据结果返回用户。

3.1.2 Laravel MVC

从 Laravel 应用开发实践角度,进一步理解 MVC 设计。

示例:使用 Laravel 框架开发 MVC 应用,处理/langs 请求,获取数据库中 langs 表内数据,并在页面列表显示。具体实现步骤如下。

(1) 在 XAMPP 控制面板中启动 Apache 服务。

(2) 使用 Chrome 浏览器,访问 http://localhost/hiLaravel/public/langs 资源。因为没有做任何处理,因此返回结果 404(未找到资源),如图 3-4 所示。

图 3-4 未处理前返回 404 结果

接下来,开始用 Laravel 框架开发 MVC 应用,处理这一 langs 请求。

注:为了有助于开发,可先了解一下 MVC 开发涉及的目录结构,如图 3-5 所示。

在 app\Http\Controllers 目录中放置控制器类;在 app\Http\Models 目录中放置模型类;在 app\resources\views 目录中放置视图文件;在 app\routes 目录中放置路由设计文件,其中,api.php 针对 API 请求,web.php 针对传统 Web 请求,本处示例中使用 web.php。

(3) 创建路由,绑定控制器及处理方法。

打开 app\routes\web.php 文件,编写/langs 处理路由。代码如下:

```
Route::get('/langs',
    'app\Http\Controllers\LangController@index'
);
```

以上代码的作用为:当访问 Web 应用的/langs 资源时,交由 LangController 控制器的 index() 方法进行处理。

(4) 创建控制器、编写处理方法。

在 PhpStorm 环境下打开项目,单击 View→Tool Windows→Terminal,打开终端窗口。在项目目录下,用 PHP 的 artisan make:controller 命令创建 LangController 控制器。如下所示:

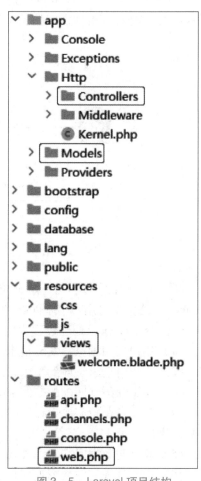

图 3-5 Laravel 项目结构

```
PS C:\xampp\htdocs\hiLaravel>php artisan make:controller LangController
```

注：Artisan 是 Laravel 的命令行接口，使用 Artisan 命令行可自动完成众多 Laravel 开发任务，快速构建出所需的 Laravel 应用。

打开 app\Http\Controllers\LangController.php 文件，编写控制器类 LangController 的 index() 处理方法。代码如下所示：

```
1. class LangController extends Controller
2. {
3.     public function index(){
4.         $langs = \app\Models\Lang::all();      //参考模型类
5.         return view('lang',['langs'=>$langs,]);//用 lang.blade.php 模板显示数据
6.     }
7. }
```

其中，第 4 行语句 $langs = \app\Models\Lang::all() 调用了模型类 Lang 中的 all() 方法，返回了数据库 langs 表中数据，并将返回值赋值给对象数组变量 $langs。

第 5 行语句 return view('lang',['langs'=>$langs,])，则将数据 $langs 传递给 lang 视图，让相应的视图模板文件 lang.blade.php 渲染显示取到的数据。

（5）创建模型。

模型类 Lang 与数据库表 langs 有交互。因此，先创建数据库表 langs，并加若干测试数据。操作如下所示：

①在 XAMPP 控制面板中启动 Apache、MySQL 服务。

②创建数据库和表结构。Chrome 浏览器访问 http://localhost/phpMyAdmin，用 phpMyAdmin 工具打开 MySQL 数据库管理页面。单击 test 数据库链接，单击结构按钮，在数据表名框中输入 langs，单击创建按钮，如图 3-6 所示。

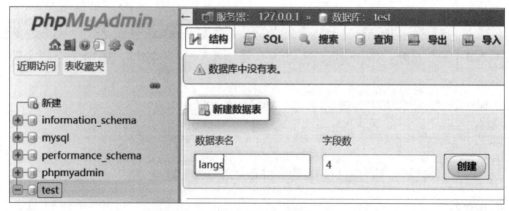

图 3-6　在 test 数据库中创建数据表 langs

定义 langs 表的结构：创建 int 类型的主键列 id 和 varchar(200) 类型的 name 列，如图 3-7 所示。

下拉滚动条，单击位于底部的保存按钮，如图 3-8 所示。

图 3-7 为 langs 表定义结构

图 3-8 保存 langs 表结构

③添加测试数据。单击浏览按钮,单击编辑链接,如图 3-9 所示。

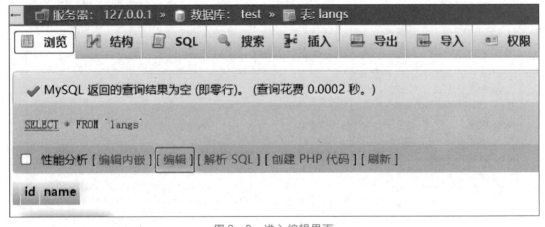

图 3-9 进入编辑界面

单击 INSERT 按钮,输入若干 SQL 语句实现插入 PHP、JavaScript、Java 三条记录,单击执行按钮,如图 3-10 所示。

图3-10 插入表记录

至此,完成了对 langs 表测试数据的添加。

④创建模型类。用 PHP 的 artisan make:model 命令,创建 Lang 模型类,如下所示:

```
PS C:\xampp\htdocs\hiLaravel > php artisan make:model Lang
```

打开 app/Models/Lang. php 文件,生成如下所示代码:

```
namespace App\Models;

use Illuminate\Database\Eloquent\Factories\HasFactory;
use Illuminate\Database\Eloquent\Model;

class Lang extends Model
{
    use HasFactory;
}
```

Lang 类继承了 Illuminate\Database\Eloquent\Model 类,即为 Eloquent 模型类。Eloquent 模型类会和数据库表建立关系映射,调用 Eloquent 模型类从 Model 类继承的方法,就可完成与该表的各种增、删、改、查常规交互。如 Lang 模型类默认关联 langs 表,调用 Lang 的 all() 方法,就可返回 langs 表中所有记录行,并自动转化为 Lang 对象数组。

⑤配置数据库连接参数。

Eloquent 模型类因为会和数据库交互,因此也要配置与数据库的连接参数,打开 vendor\ .env 文件,修改与数据库 test 连接的相关参数值(这些参数都以 DB_ 为首),如下所示:

```
DB_CONNECTION = mysql
```

```
DB_HOST=127.0.0.1
DB_PORT=3306
DB_DATABASE=test
DB_USERNAME=root
DB_PASSWORD=
```

（6）创建视图文件。

LangController 控制器类 index() 方法中指示返回视图为 lang，因此，需要建立对应的视图模板文件\resources\views\lang.blade.php。编写模板文件代码，如下所示：

```
@foreach($langs as $lang)
    {{$lang->id}}:{{$lang->name}}<br>
@endforeach
```

即用@foreach 指令遍历 $langs 中的每个模型对象 $lang，用模板表达式 {{}} 逐一将 $lang 的 id 和 name 值输出。

用 Chrome 浏览器访问 http://localhost/hiLaravel/public/langs，视图模板页将渲染显示 test 数据库中 langs 表的三行数据，如图 3-11 所示。

图 3-11　视图模板页显示数据

3.2　Laravel 框架概览

3.2.1　Laravel 应用入口

Laravel 框架应用的入口文件为\public\index.php。当访问 Web 服务器（如 XAMPP 上的 Apache 服务）的 Laravel 应用时（如访问\hiLaravel\public），会切到项目的入口文件\hiLaravel\public\index.php 进行处理。

作为入口文件，index.php 会通过 vendor\autoload.php 文件自动加载一些框架类库，并通过 bootstrap\app.php 文件获得一个 Laravel 应用实例。Laravel 应用实例是一个容器，由它处理 Http 请求，生成并发送响应的结果。

3.2.2　请求处理流程

对请求的处理流程，做进一步细化理解，大体上可分为 5 个步骤：

（1）请求首先会被发送到 HTTP 内核（app\Http\Kernel.php）的 handle() 方法进行处理。

实际上，Laravel 框架中有 2 个内核：HTTP 内核和 Console 内核。Web 命令请求交给 HTTP 内核处理；Artisan 命令请求则会发送至 Console 内核处理。

（2）请求交由 bootstrappers 数组中定义的类执行。

bootstrappers 数组定义在 Illuminate\Foundation\Http\Kernel 类（HTTP 内核继承该类）中，内含加载环境变量、加载配置、注册门面（Facades，为调用服务提供了静态的接口）、加载服务提供者（ServiceProvider）等任务。这些任务会在处理请求前先行启动完备。

(3) 请求交由已注册的服务提供者处理。

内核启动时，会加载服务提供者（配置在 config\app.php 文件的 providers 数组中），将其注册到应用中。服务提供者负责启动框架的各种组件，比如身份验证、缓存、数据库、加密、文件系统、邮件、通知、分页、队列、密码重置、事件以及路由组件等。服务提供者提供了 Laravel 框架的核心功能，其是内核启动的最关键部分。

(4) 请求被路由分发处理。

先由全局中间件处理。对于每次请求，app\Http\Kernel 文件 $middleware 数组中定义的全局中间件都会执行；然后会遍历所有路由，由第一个适合的路由来处理请求。

路由器会分发请求到路由或控制器，同时运行路由指定的中间件（中间件来自 app\Http\Kernel 文件 $routeMiddleware 数组中的定义；也可指定自定义中间件或中间件组）。

(5) 控制器处理路由并返回响应。

控制器处理路由业务逻辑，最后返回响应至客户端（如浏览器）。响应通常为视图，但也可以是字符串。

3.2.3 Laravel 项目结构

以 composer create-project laravel/laravel hiLaravel 命令或 laravel new hiLaravel 命令创建 Laravel 项目 hiLaravel 后，其项目目录结构如图 2-50 所示。

1. app 目录

app 目录中包含了 Laravel 应用的核心代码，项目中主要类都在该目录中。注意，app 目录中不是"框架"的核心代码，框架核心代码位于 \vendor\laravel\framework\ 目录中。

app 目录中包含了多个子目录，如 Console、Http、Exceptions、Models、Providers 等。

Http 和 Console 目录提供了进入应用核心的 API。HTTP 请求处理和 CLI 命令交互是 Laravel 应用对外交互的两种机制。Console 目录包含了所有的 Artisan 命令；Http 目录包含了控制器、过滤器和请求等。

Exceptions 目录中包含了应用的异常处理器，用于处理应用所抛出的各种异常。

Models 目录中包含了应用的 Eloquent 模型类。模型类通过 Eloquent ORM（Object-Relational Mapping，对象关系映射）机制，简化、规范了与数据库表间的交互操作。

Providers 目录中包含了应用的所有服务提供者。服务提供者在启动应用过程中，会执行绑定服务到应用容器中、注册事件等任务，为将来的请求处理做准备。开发者可以按需添加自定义服务提供者到该 Providers 目录中。

2. bootstrap 目录

bootstrap 目录中包含文件用于 Laravel 框架的启动和自动加载配置。

注：另有 cache 目录用于包含框架生成的启动文件，用于提高应用的运行性能。

3. config 目录

config 目录中包含了 Laravel 应用的所有配置文件，如 app.php、auth.php、database.php、file systems.php、sesssion.php、view.php 等。

4. database 目录

database 目录中包含了数据迁移及填充文件。此外，还可以作为 SQLite 数据库存放目录。

5. public 目录

public 目录中包含了 index.php 文件，该文件是应用程序的所有请求入口。

该目录中还包含资源文件，如图片文件、JavaScript 脚本和 CSS 样式等。

该目录也是 Web 服务器的应用根目录，如此设置可避免 Laravel 应用核心被直接暴露，是对应用安全性的一种保障措施。

6. resources 目录

resources 目录中包含了视图文件（在 views 子目录中存放 blade 视图模板文件）、未编译的资源文件（LESS、SASS、JavaScript）等。

7. routes 目录

routes 目录通过 4 个路由文件：web.php、api.php、console.php 和 channels.php，定义了所有路由信息。通常主要开发 Web 应用或 API 应用，因此，关注 web.php 和 api.php 文件即可。

（1）web.php 文件。web.php 文件中定义的路由，会自动包含 web 中间件组中的所有路由功能（定义在 app\Http\Kernel 文件 $middlewareGroups 数组内的 web 元素中），即会提供 Web 开发所需的会话状态、CSRF 保护和 Cookie 加密等功能。

web.php 文件适用于编写 Web 应用的路由。

（2）api.php 文件。api.php 文件中定义的路由，会自动包含 api 中间件组中的所有路由功能（定义在 app\Http\Kernel 文件 $middlewareGroups 数组内的 api 元素中）。其中定义路由是无状态的，请求通过令牌（Token）进行身份验证。

api.php 文件适用于编写 REST API 应用的路由。

8. storage 目录

storage 目录中包含了编译后的 Blade 模板文件、session 文件、缓存文件、日志文件、用户上传文件，以及其他由框架生成的文件等。

storage 目录中有 4 个子目录，app 目录存放访问应用的缓存文件，framework 目录存放框架生成的文件和缓存，logs 目录存放应用的日志文件。

9. tests 目录

tests 目录中包含自动化测试文件。默认提供了一个开箱即用的 PHPUnit 示例，通过 php vendor/bin/phpunit 命令可进行测试。

10. vendor 目录

vendor 目录主要存放第三方的类库文件和 Laravel 框架的源码（位于其 laravel\framework\src 子目录中）。Composer 下载的类库也存放在该目录中。

实际上，当开发 Web 或 API 应用时，主要编程工作集中在 app、routes、resource 三个目录中。

（1）在 routes 目录的相应文件中编写路由：在 web.php 文件中编写 Web 应用路由，或在 api.php 文件中编写 API 应用路由。

（2）在 app 目录中写控制器、模型类和中间件。

（3）对于 Web 应用，在 resources 目录中编写视图模板文件。当然，API 应用是不需要编写视图模板文件的。

实践巩固

1. 补全 MVC 关系图

将路由、视图、模型、控制器、数据库等名词填入图 3-12 中相应圆角框内，以补全

MVC 各组件关系。

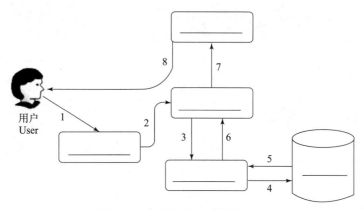

图 3-12　MVC 关系图补全练习

2. 使用 Laravel 框架开发简单的 MVC 应用

要求如下：

（1）在 test 数据库中创建食品分类表 food_cats，并添加若干数据，如谷类及薯类、动物性食物、豆类及其制品、蔬菜、水果。

（2）创建 Laravel 框架应用处理 "/foodCats" 请求，获取 food_cats 表内数据并在页面上列表显示。

第4章

路由实践

路由通常可理解为从源地址传输到目的地址的活动。

在 Laravel 应用中,路由指外界访问应用的通路。具体为路由将用户的请求按照事先规划,提交给指定的方法进行处理。

注册路由的代码,通常由三部分组成:HTTP 请求方式、URI 及路由参数、路由处理方法。其中,路由参数是可选的,而路由处理方法则通常定义在控制器类中。最简单的注册路由代码如下所示:

```
Route::get('/user','UsersController@ index');
Route::get('/user/{name?}','UsersController@ getByName($name));
```

学习目标

序号	基本要求	类别
1	针对不同方式请求,注册相应的路由,并能进行路由测试	技能
2	针对 POST、PUT、PATCH、DELETE 方式请求,能取消其"跨站请求伪造攻击"设置	技能
3	能获取路由中的参数值,包括 GET、DELETE 方式参数值和 POST、PUT、PATCH 方式参数值	技能
4	能设置路由组的 URL 前缀、中间件列表和命名空间	技能

4.1 路由示例浅析

在生成的 Laravel 项目中,打开 routes\web.php 文件。代码如下所示:

```
1. <? php

10. use Illuminate\Support\Facades\Route;
```

```
12. /*
13. |--------------------------------------------------------------------------
14. |Web Routes
15. |--------------------------------------------------------------------------
16. |
17. |Here is where you can register web routes for your application. These
18. |routes are loaded by the RouteServiceProvider within a group which
19. |contains the "web" middleware group. Now create something great!
20. |
21. */

23. Route::get('/',function(){
24.     return view('welcome');
25. });
```

在 web.php 文件的第 23~25 行注册了一个路由，处理应用的"get/"请求。处理代码为 return view('welcome')，其实际返回了 welcome 视图。注意，视图文件在 resources\views 目录中定义，具体文件名为 welcome.blade.php（Laravel 中默认用 blade 模板，文件扩展名为 .blade.php）。

打开 resources\views\welcome.blade.php 视图模板文件，如图 4-1 所示。可发现模板文件是在 HTML 文件写入特殊标签和 PHP 代码，从而实现 HTML 内容的动态化显示。

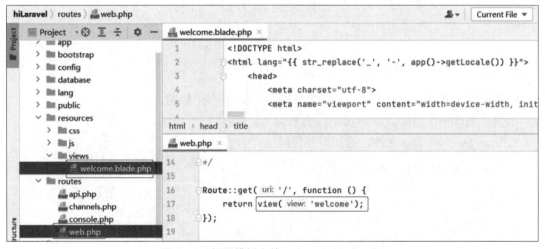

图 4-1　视图模板文件 welcome.blade.php

在 Apache 运行状态下，用 Chrom 浏览器访问 http://localhost/hiLaravel/public/（即访问项目根资源/）时，将显示 welcome.blade.php 的执行结果，如图 4-2 所示。

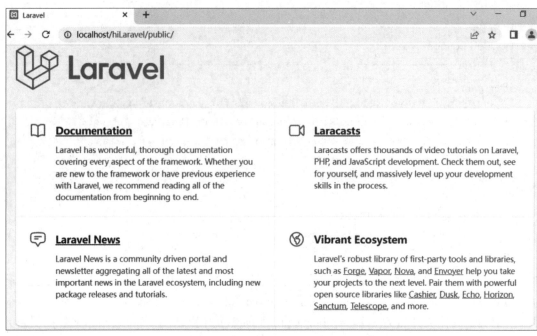

图 4-2 访问/将显示 welcome.blade.php 的执行结果

4.2 不同请求方式的路由

4.2.1 GET 请求方式路由

GET 请求方式用于查询数据。可以查询单个数据或多个数据。

示例：注册一个路由"get/hello"。过程如下。

打开 routes\web.php 文件，添加如下代码：

```
Route::get('/hello',function(){
    return 'Hello,Laravel 欢迎你';
});
```

此处代码的作用为：以 GET 方式访问/hello 资源，将返回字符串内容"Hello,Laravel 欢迎你"。

用 Chrom 浏览器访问 http://localhost/hiLaravel/public/hello（即访问项目/hello 资源）。测试结果如图 4-3 所示。

图 4-3 测试 get/hello 请求路由

采用 Postman 进行测试，如下所示：打开 Postman，选择 GET 方式，输入 URL：http://localhost/hiLaravel/public/hello，单击 Send 按钮，将返回 200 状态码和相应结果，如图 4-4 所示。

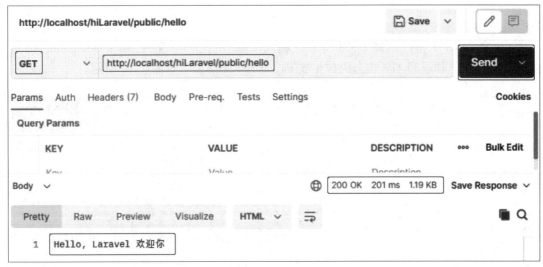

图 4-4　Postman 测试 get/hello 请求路由

若此时修改 Postman 的请求方式，如将 GET 改为 POST，则会因为路由不支持 POST 而报错，如图 4-5 所示。

图 4-5　路由不支持 POST 方式而报错

4.2.2　POST 请求方式路由

POST 请求方式主要用于添加数据。

示例：注册一个路由 post/hello。过程如下。

打开 routes\web.php 文件，添加如下代码：

```
Route::post('/hello',function(){
    return 'Hello,Laravel(Post)欢迎你';
});
```

打开 Postman 工具，选择 POST 方式，输入 URL：http://localhost/hiLaravel/public/hello，单击 Send 按钮，却返回 419 状态码和相应 Page Expired 结果，如图 4-6 所示。

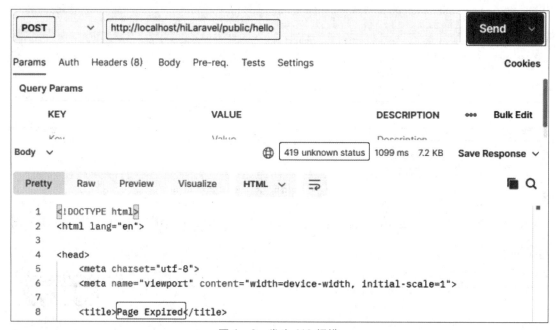

图 4-6　发生 419 报错

返回 419 状态码的原因是：Laravel 为了防止跨站攻击，会使用一个中间件来进行拦截。解决方法是：针对请求资源，取消 CSRF 保护检查处理。具体操作如下：

修改\app\Http\Middleware\VerifyCsrfToken.php 文件，在其 $except 数组中加入/hello 请求，以取消 CSRF 保护对 post/hello 请求的检查处理，代码如下：

```
protected $except=[
    '/hello',
];
```

注：若对所有请求都取消 CSRF 保护检查，则可在 $except 数组中写入"*"元素。

4.2.3　PUT、PATCH 请求方式路由

PUT 和 PATCH 请求方式主要用于编辑数据。PUT 一般做整体提交（修改对象的所有属性值），而 PATCH 则是进行部分提交（修改对象的部分属性值）。

示例：注册一个路由"put/movie"。过程如下。

打开 routes\web.php 文件，添加如下代码：

```
Route::put('/movie',function(){
    return '你 Put 了一个 movie 数据';
});
```

打开 Postman 工具，选择 PUT 方式，输入 URL：http://localhost/hiLaravel/public/movie，单击 Send 按钮，会返回 419 状态码和相应"Page Expired"结果。

和 POST 提交请求方式类似，PUT 和 PATCH 请求都会因 CSRF 保护而被拦截处理，在 \app\Http\Middleware\VerifyCsrfToken.php 文件 $except 数组中加入/movie 请求，即可取消该 CSRF 保护。如下所示：

```
protected $except=[
    '/hello',
    '/movie',
];
```

使用 Postman 工具再测试，将返回正常结果，如图 4-7 所示。

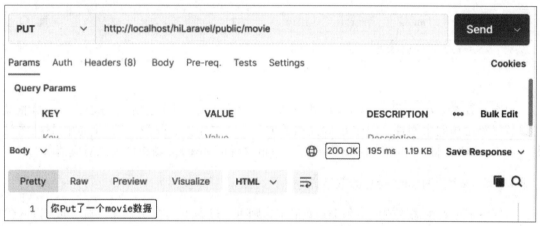

图 4-7　测试 Put 请求路由

注：因 PATCH 请求方式路由和 PUT 是相同的，在此就不再赘述了。

4.2.4　DELETE 请求方式路由

DELETE 请求方式用于删除数据。

示例：注册一个"delete/movie/1"处理路由。过程如下。

打开 routes\web.php 文件，添加如下代码：

```
Route::delete('/movie/1',function(){
    return 'Hello,Laravel 欢迎你';
});
```

在 Postman 工具中选择 DELETE 方式，输入 URL：http://localhost/hiLaravel/public/movie/1，单击 Send 按钮，会返回 419 状态码和相应"Page Expired"结果。

同样，DELETE 请求方式会受跨站保护。在\app\Http\Middleware\VerifyCsrfToken.php 文件 $except 数组中加入/movie/1 请求，取消该 CSRF 保护。如下所示：

```
protected $except =[
    '/hello',
    '/movie',
    '/movie/1',
];
```

用 Postman 工具再测试,将返回正常结果,如图 4-8 所示。

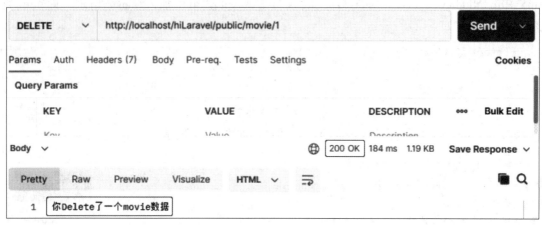

图 4-8 测试 DELETE 请求路由

总结:针对 POST、PUT、PATCH 和 DELETE 请求方式,从安全角度考虑,Laravel 框架中设置了跨站访问中间件,以阻止对数据的增、改、删操作。取消 CSRF 保护的解决方法是:在\app\Http\Middleware\VerifyCsrfToken.php 文件的 $except 数组中加入对应请求。

4.2.5 match 和 any 匹配请求方式

有时注册的路由需要响应多种 HTTP 请求,则可通过 match( ) 方法来匹配,或用 any( ) 方法匹配所有的 HTTP 请求。

```
Route::match(['get','post'],'/about',function(){
    //GET、POST 之外的方法提交,会报错 405 Method Not Allowed
});

Route::any('/more',function(){
    //GET、POST、PUT、PATCH、DELETE 方法都可处理
});
```

第一个路由匹配了 GET 和 POST 请求方式,因此,用其他方式访问/about 资源时,会报错"405 Method Not Allowed"。

第二个路由匹配了任意请求方式,因此,GET、POST、PUT、PATCH、DELETE 等方式都可访问/more 资源。

4.3　Resource 路由

4.3.1　Resource 路由概念

对于某个资源的增、删、改、查操作，可设计多个常规路由。即，做查询列表，需要写一个路由；做单条数据查询，需要写一个路由；添加和编辑操作，又各需 2 个路由（一个显示操作界面、一个保存结果）；删除数据，还需一个路由。具体见表 4-1。

表 4-1　资源操作常规路由

方法	URI	路由名称	控制器@方法	说明
GET	/movies	movies.index	MovieController@index	列表
GET	/movies/create	movies.create	MovieController@create	新增界面
POST	/movies	movies.store	MovieController@store	新增
GET	/movies/{movie}	movies.show	MovieController@show	详情显示
GET	/movies/{movie}/edit	movies.edit	MovieController@edit	编辑界面
PUT/PATCH	/movies/{movie}	movies.update	MovieController@update	编辑
DELETE	/movies/{movie}	movies.destroy	MovieController@destroy	删除

以上针对一个资源，需要分别写 7 个路由，显然存在工作重复、代码冗杂的缺点。对此，Laravel 框架提供了 Resource（资源）路由机制，Resource 路由机制遵从 REST 架构规范，相当于为用户资源生成 7 个操作路由。

4.3.2　Resource 路由实施

示例：Movie（影片信息）资源实施 Resource 路由处理。过程如下所示。

1. 创建 Resource 路由

在 app\routes\web.php 文件中加入对 movie 资源操作的 Resource 路由。代码如下：

```
Route::resource('movies','\app\Http\Controllers\MovieController');
```

注意：movies 路由交由 MovieController 控制器处理，但并未指定控制器的具体处理方法。实际上，该 Resource 路由会分解成若干路由，由 MovieController 控制器中的不同方法分别处理。

2. 创建控制器

创建好 Resource 路由后，可通过 PHP 的 artisan make:controller 命令创建控制器。

在 PhpStorm 环境下打开项目，单击 View→ToolWindows→Terminal，打开终端窗口。在项目目录下，输入 PHP 的 artisan make:controller 命令，创建控制器，如下所示：

```
PS C:\xampp\htdocs\hiLaravel>php artisan make:controller MovieController
```

用 php artisan route:list 命令查看路由列表，如图 4-9 所示。

```
GET|HEAD    movies ......................................................... movies.index   > MovieController@index
POST        movies ......................................................... movies.store   > MovieController@store
GET|HEAD    movies/create .................................................. movies.create  > MovieController@create
GET|HEAD    movies/details/{id} ............................................
GET|HEAD    movies/{id}/details
GET|HEAD    movies/{movie} ................................................. movies.show    > MovieController@show
PUT|PATCH   movies/{movie} ................................................. movies.update  > MovieController@update
DELETE      movies/{movie} ................................................. movies.destroy > MovieController@destroy
GET|HEAD    movies/{movie}/edit ............................................ movies.edit    > MovieController@edit
```

图 4-9 查看路由列表

可以看到：使用 Resource 路由机制写法，实际上会生成严格按照 REST 架构设计的若干路由。图 4-9 中，除了包含表 4-1 中的 7 个路由外，另有 2 个显示详情的路由：movies/{id}/details 和 movies/details/{id}。这 2 个路由功能与 get movies/{movie} 的相同，只是不同习惯上的 URL 写法。

4.4 重定向路由、视图路由和兜底路由

4.4.1 重定向路由

使用 Route::redirect() 方法定义重定向到另一个 URI 的路由。

示例：在 app\routes\web.php 文件中加入两种重定向路由。代码如下：

```
Route::redirect('/index','/maintaining');           //302 状态码
Route::permanentRedirect('/home','/v2/home');       //301 状态码
```

第 1 行为临时性重定向：访问/index 时，将被临时重定向到/maintaining 路由处理。
第 2 行为永久性重定向：访问/home 时，将被永久重定向到/v2/home 路由处理。

4.4.2 视图路由

使用 Route::view() 方法可快速返回一个视图，而无须运行完整的路由流程。

示例：在 app\routes\web.php 文件中加入两种重定向路由。代码如下：

```
Route::view('/hi','hello');
Route::view('/hi2','hello2',['name' => 'Ada']);
```

第 1 行访问/hi 时，会直接返回 hello 视图，即调用 resources\views\hello.blade.php 视图模板文件。

第 2 行访问/hi2 时，会将参数 ['name' => 'Ada'] 传给 hello2 视图，再由 hello2 视图返回结果。

4.4.3 兜底路由

兜底路由又称回退路由或默认路由。
没有路由匹配的请求，会执行异常处理，呈现 404 报错页面，如图 4-10 所示。

图 4-10　路由未匹配会呈现默认 404 报错页

因为默认 404 报错页的用户体验太差，通常可在 routes\web.php 文件内定义兜底路由。代码如下：

```
Route::fallback(function(){
    return view('404');//自定义 404 错误显示页
});
```

如上，可返回自定义视图模板页 404.blade.php，定制化显示错误信息。

4.5　路由参数和路由组

4.5.1　路由参数

1. 路由参数基础

有时需要从 GET 和 DELETE 路由中获取 URL 的请求参数，此时需要使用路由参数。

示例：获取路由"Delete/movie/1"中"movie/"后的主键值。实施如下。

修改原来的注册路由代码"Delete/movie/1"，如下所示：

```
Route::delete('/movie/{id}',function($id){
    return '你 Delete 了一个 ID 值为'.$id.'的 movie 数据';
});
```

注意：在 URL 中将要提取的参数变量用大括号 {} 包含，在方法形参中以 $ 为前缀标注同名变量，然后在方法内部中就可调用该参数值了。

在 Postman 工具中选择 DELETE 方式，输入 URL：http://localhost/hiLaravel/public/movie/1，单击 Send 按钮，在返回结果中可发现参数值已被获取，如图 4-11 所示。

图 4-11　获取 URL 中的参数值

除了从 GET 和 DELETE 路由中获取 URL 的请求参数，通常还需获取 POST、PUT、PATCH 请求体中的参数值。获取请求体中的参数值的一般写法为 $request->input('参数名')。

示例：获取"post/movie"请求体中的 name、runtime 值。操作如下。

注册路由"post/movie"，代码如下：

```
Route::post('/movie',function(Illuminate\Http\Request $request){
    return '提交影片名为'
        .$request->input('name').',时长'
        .$request->input('runtime').'分钟';
});
```

注：路由处理方法中，参数 $request 的类型为 Illuminate\Http\Request。

使用 Postman 工具测试：设置 POST 请求 http://localhost/hiLaravel/public/movie；添加 form-data 类型 Body 参数 name 和 runtime，其值分别为"大闹天宫"和"106"；单击 Send 按钮。运行返回 200 状态码，表单中的参数值"大闹天宫"和"106"被捕获，如图 4-12 所示。

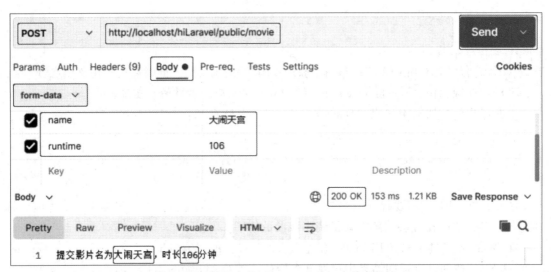

图 4-12　获取表单（form-data）中的参数值

实际开发中，可通过"路由模型绑定"，实现更为优雅的数据获取。具体参见 4.6 节。

2. 可选参数

如果参数不是必需的，则可在参数名后加上问号"?"处理。

示例：注册路由代码"get/movieInfo"。实施如下。

在 routes\web.php 文件中编写如下代码：

```
Route::get('/movieInfo/{name}/{runtime?}',function($name,$runtime=120){
    return '影片名为'.$name.',影片时长'.$runtime;
});
```

注意，在 URL 参数 runtime 后有问号"?"。

Postman 工具中，用 GET 方式提交 http://localhost/hiLaravel/public/movieInfo/大闹天宫/106 请求。注意，此时输入了 runtime 值"106"，因此返回结果中有时长值，如图4-13 所示。

图4-13　返回结果中显示了输入时长值

Postman 工具中，用 GET 方式提交 http://localhost/hiLaravel/public/movieInfo/大闹天宫/请求。注意，此时 runtime 值缺失，因此返回结果中有默认时长值"120"，如图4-14 所示。

图4-14　返回结果中显示了默认时长值

3. where 方法约束参数格式

可在路由上用 where 方法来约束路由参数的格式要求。where 方法接受参数名和定义正则表达式来约束该参数。

示例：注册路由"get/movieInfo2/{name}"，将 name 参数约束为字符格式。实施如下。
在 routes\web.php 文件中编写如下代码：

```
Route::get('movieInfo2/{name}',function($name){
    return '影片名为'. $name;
})->where('name','[A-Za-z]+');    //whereAlpha('name')
```

以上用 where('name','[A-Za-z]+') 将 name 参数类型限定为英文字符串类型，其作用同 whereAlpha('name')。因此，name 中出现中文字符或空格，都会报错404。

Postman 工具中，用 GET 方式提交 http://localhost/hiLaravel/public/movieInfo2/大闹天

宫/请求。返回结果如图 4-15 所示。

图 4-15　不满足 whereAlpha( ) 方法格式要求，路由报错

将中文字符串"大闹天宫"换成英文字符串"UproarInHeaven"后，满足了 Where 方法约束，就能被路由正常处理了。结果如图 4-16 所示。

图 4-16　满足 where 的格式约束要求，路由被正常处理

再如，示例：注册路由"get/movieInfo3/{runtime}"，将 runtime 参数约束为数值格式。代码如下所示：

```
Route::get('movieInfo3/{runtime}',function($runtime){
    return '影片时长'. $runtime;
}) ->where('runtime','[0-9]+');  // ->whereNumber('runtime');
```

注：以上 where('runtime','[0-9]+')；也可用 whereNumber('runtime') 代替。

实际上，在路由中可对多个参数进行格式约束。

示例：对 name 和 runtime 分别做字符格式和数值格式约束。如下所示：

```
Route::get("movieInfo4/{name}/{runtime}",function($name,$runtime){
    return '影片名为'. $name. ',影片时长'. $runtime;
}) ->where(["name"=>"[A-Za-z]+","runtime"=>"[0-9]+"]);
```

此处的 where 方法参数为数组，可在数组中放入多个参数限制。也可以采用链式写法代替相同功能：

```
->where("name","[A-Za-z]+") ->where("runtime","[0-9]+");
```

注：此处可用 whereAlpha() 方法限定参数为字符格式，可用 whereNumber() 方法限定参数格式数字，whereAlphaNumeric() 方法可将参数限定到字符和数字格式。

另有全局约束，即在\app\Providers\RouteServiceProvider 类的 boot() 方法中加入相应的约束，将对所有路由中的匹配参数进行约束。示例如下：

```
public function boot(){
    //"name"=>"[A-Za-z]+"
    Route::pattern('name','[A-Za-z]+');
    ......
}
```

4. 命名路由和重定向

命名路由就是为路由起个名称。

注册路由，并命名路由。如下所示：

```
Route::any('/home',function(){
    return 'Welcome Home';
})->name('home');
```

注：最后 1 行，用 name() 方法将/home 路由命名为 "home"。用 php artisan route:list 命令执行后，在其结果列表右侧也可观察到该路由名称，如图 4-17 所示。

图 4-17　用 php artisan route:list 命令查看路由

因为路由有了命名，因此可编写如下代码，重定向到该路由：

```
Route::get('/hometown',function(){
    return redirect()->route('home');
});
```

第 2 行中调用 redirect() 方法重定向到 home 路由。

测试：Postman 工具中，用 GET 方式提交 http://localhost/hiLaravel/public/hometown 请求。注意，此时访问 "/hometown"，返回结果中有 "Welcome Home" 信息，则说明请求被重定向到命名为 "home" 的路由，其结果是 "home" 路由的处理输出，如图 4-18 所示。

重定向有其他写法，如：

```
redirect()->to('/home');
```

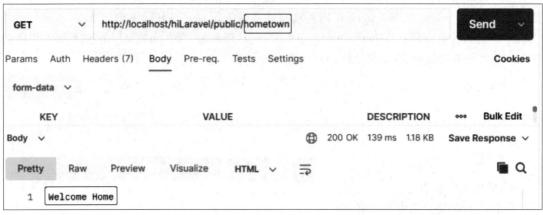

图 4-18 redirect( ) 方法重定向到另一个路由处理

另外，redirect( ) 方法写法也可用 Facdes 方式（门面写法）替换，如下所示。
重定向路由的 Facdes 方式：

```
return Redirect::to('/home');
```

重定向命名路由的 Facdes 方式：

```
return Redirect::route('website.home');
```

4.5.2 路由组

有时候多个路由间会有些相同的属性。如拥有相同的 URL 路由前缀、执行相同的中间件、处于相同命名空间等。此时可利用"路由组"将这些属性设置到多个路由上，免去了对每个路由分别做设置操作。

1. 拥有相同的 URL 路由前缀

路由组可以通过 prefix 选项对组内的所有路由加上前缀。

示例：注册带 prefix 选项的路由组。如下所示：

```
Route::group(['prefix'=>'admin'],function(){
    Route::get('movies',function(){    //匹配"/admin/movies"URL
        return '访问:/admin/movies';
    });
    Route::get('genres',function(){    //匹配"/admin/genres"URL
        return '访问:/admin/genres';
    });
});
```

Postman 工具中，加上/admin 前缀，可成功访问/admin/movies 和/admin/genres 路由，结果如图 4-19 和图 4-20 所示。

路由前缀中可以有参数，组内路由中可访问该参数值。

示例：注册路由组和组内路由，并访问路由组前缀中的参数。如下所示。

第 4 章 路由实践

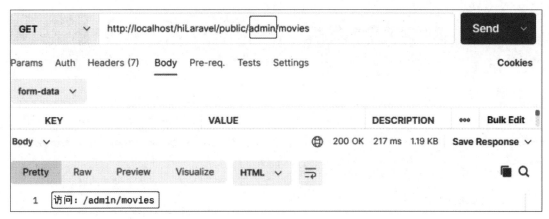

图 4-19 成功访问/admin/movies 路由

图 4-20 成功访问/admin/genres 路由

```
Route::group(['prefix' => 'movies/{id}'],function(){//前缀中有参数
    Route::get('/details',function($id){//访问前缀中的参数
        return '显示 ID 为'. $id .'的影片';
    });
});
```

第 1 行，在路由组的 prefix 中有 id 参数，组内的/details 路由通过 $id 获得了该参数值。

在 Postman 工具中进行测试，可发现参数 id 的值 1 被组内路由成功获取了，如图 4-21 所示。

2. 路由组指定中间件列表

路由组可使用 middleware 选项指定中间件列表。在访问组内路由时，就会顺序执行这些中间件。

示例：指定中间件列表的路由组。如下所示：

```
Route::group(['middleware' =>['midA','midB']],function(){    //加中间件列表
```

图 4-21　获取路由组前缀中的参数值

```
    Route::get('/movies/details/{id}',function($id){
    });
    Route::get('/genres/show/{id}',function($id){
    });
});
```

第 1 行 'middleware' => ['midA','midB'] 代码的作用：访问组内路由（如/movies/details/{id} 或/genres/show/{id}）时，都会执行中间件 midA 和 midB。

有关中间件的创建和使用，此处暂不展开，具体可参考第 5 章。

3. 路由组指定命名空间

路由组用 namesapce 选项指定名称空间。组内路由的控制器类将被限定在该名称空间中。

示例：带 namesapce 选项的路由组。如下所示：

```
Route::group(['namespace' => 'Admin'],function(){
    Route::group(['namespace' => 'Movie'],function(){
        Route::get('admin/movies','MovieController@index');
        //MovieController 定义在名称空间"App\Http\Controllers\Admin\Movie"中
    });
});
```

第 1 行，定义了名称空间 app\Http\Controllers\Admin，限定了内部控制器类所在名称空间；第 2 行，继续定义名称空间，则会在外部名称空间基础上，进一步限定名称空间。至此，内部控制器类所在名称空间被限定为 app\Http\Controllers\Admin\Movie。

第 3 行，当访问路由 admin/movies 时，由控制器类 MovieController 的 index() 方法处理。其中，MovieController 类应定义在限定名称空间 app\Http\Controllers\Admin\Movie 中。

有关控制器类的创建和使用，此处暂不展开，具体可参考第 6 章。

4.6 路由模型绑定

4.6.1 隐式绑定

在路由中,通过参数$id(主键值)获取对应的 Eloquent 模型对象,以往需要写代码实现,如下所示:

```
Route::get('/langs/{lang}',function($id){
    $lang = \app\Models\Lang::findOrFail($id);
    return $lang->name;
});
```

用 Chrome 浏览器访问 http://localhost/hiLaravel/public/langs/1,其执行结果如图 4-22 所示。

图 4-22 通过主键值获取对应的 Eloquent 模型对象

现在可通过隐式绑定来简化这个过程,简化代码如下:

```
Route::get('/langs/{lang}',function(\App\Models\Lang $lang){
    return $lang->name;
});
```

即不再需要::findOrFail($id) 或::find($id) 方法,Laravel 会自动根据 URI 中的参数值来注入对应的 Eloquent 模型对象。

注意:默认情况下,路由参数主键名为"id",若要改换其他列名作为隐式绑定使用的主键名,则应在相应模型类的 getRouteKeyName() 方法中用 return 字符串值指定。以 Lang 模型为例,编辑\app\Models\Lang 类,添加 getRouteKeyName() 方法,返回 name 字段作为主键,如下所示:

```
class Lang extends Model
{
  use HasFactory;
  public function getRouteKeyName()
  {
    return 'name';
  }
}
```

用 Chrome 浏览器访问 http://localhost/hiLaravel/public/langs/Java,再测试。返回结果如图 4-23 所示。

图 4-23　改换主键获取对应的 Eloquent 模型对象

通常数据库中表的主键名用 id，因此，不建议采用 getRouteKeyName() 方法改换主键名。

4.6.2　显式绑定

在路由服务者类\app\Providers\RouteServiceProvider 中，用 Route::model() 方法显式绑定参数名和对应的模型类，以进一步简化处理方法中变量的类型声明。

编辑\app\Providers\RouteServiceProvider 类，在其 boot() 方法中定义显式绑定，代码如下所示：

```
public function boot(){
  Route::model('lang',\app\Models\Lang::class);
  ......
}
```

第 2 行的作用是将 lang 显式绑定到\app\Models\Lang 模型。

因此，针对 web.php 中的/langs/{lang} 路由，可进行如下设置：

```
Route::get('/langs/{lang}',function($lang){   // $lang 代替 \App\Models\Lang $lang
    return $lang->name;
});
```

第 1 行中参数 $lang 的作用：代替原来\app\Models\Lang $lang 写法，因为 lang 已经显式绑定到\app\Models\Lang 模型，所以 {lang} 参数值直接赋予 $lang 变量即可。

用 Chrome 浏览器访问 http://localhost/hiLaravel/public/langs/1，返回结果如图 4-24 所示，说明将\app\Models\Lang::class 显式绑定至 lang 变量已起效。

图 4-24　显式绑定起效

4.6.3　自定义解析逻辑

若参数传入后，不想使用默认的参数绑定模型查询（即通过主键在数据库中查找，返回模型类对象），也可自定义查询逻辑。自定义查询逻辑用 Route::bind() 方法实施。

示例：将参数值看成 name 值，进行查询。如下所示。

编辑\app\Providers\RouteServiceProvider 类，在其 boot() 方法中加 Route::bind() 方

法，如下所示：

```
Route::bind('lang',function($val){
    return \app\Models\Lang::where('name',$val)
            ->first()?? abort(404);
});
```

以上自定义查询的解析逻辑为：将 {lang} 参数赋给 $val，然后在数据库寻找满足 "where name = $val" 条件的第一个记录。若记录存在，则返回；若不存在，则由 abort( ) 方法返回一个 404 错误页。

针对以下 web.php 中定义的 /langs2/{lang} 路由：

```
Route::get('/langs2/{lang}',function($lang){
    return $lang->name;
});
```

在 Chrome 中输入 http://localhost/hiLaravel/public/langs2/Java，返回结果如图 4 – 25 所示，说明自定义查询的解析逻辑起效。

图 4 – 25　自定义解析逻辑起效

自定义查询解析，会对所有路由起效。若在模型类上加 resolveRouteBinding( ) 方法，则只针对特定 Eloquent 模型起作用。如在 app\Models\Lang 模型类中加入如下代码：

```
public function resolveRouteBinding($value,$field = null){
    return $this->where('name',$value)
            ->first()?? abort(404);
}
```

仅对 Lang 模型类进行自定义查询解析，不会影响到其他模型类。

实践巩固

（1）在 routes\web.php 文件中，注册路由 "get/hi"，返回字符串 "Hello"。

（2）在 routes\web.php 文件中，注册路由 "get/hello"，返回视图文件 hello.blade.php（文件内容不限）。

（3）在 routes\web.php 文件中，注册路由 "post/hello"，并取消对 post/hello 请求的 CSRF 保护处理。

（4）创建路由组，为路由组设置 URL 前缀 "empsys"，指定中间件列表值为 "['auth', 'throttle']"，指定命名空间为 "Admin"。

（5）创建 Resource 路由和相应控制器类，对部门（Dept）资源做统一处理操作提示：

① 在 app\routes\web.php 文件中加入对部门资源操作的 Resource 路由。

② 用 artisan make:controller 命令创建相应控制器类。

第 5 章

中间件实践

　　Laravel 中间件（Middleware）是一种类，用于过滤进入应用程序的请求。若没有中间件，则这些功能必须在控制器中来完成，显然会造成控制器代码的臃肿和冗余。

　　Laravel 中间件常见例子是用户身份验证。如果验证通过，中间件允许进入下一步访问操作；如果没有通过，中间件会将 HTTP 请求重定向到 login 路由，引导用户登录。

　　Laravel 中间件分为全局中间件和路由中间件。全局中间件注册在 $middleware 中，对于每一次请求，所有全局中间件都会执行；路由中间件定义在 $routeMiddleware 中，是和路由紧密结合的中间件，在定义路由的时候，将中间件分配给该路由处理；另外，为方便开发，定义了 2 个中间件组：Web 和 API，这两个组内注册的中间件，会分别对传统 Web 请求和 API 请求进行处理。

　　当 Laravel 系统提供的中间件不满足应用需求时，则可自定义中间件。

　　Laravel 中间件可设置前置处理，也可设置后置处理。

学习目标

序号	基本要求	类别
1	区分全局中间件、Web 中间件、API 中间件、路由中间件，并了解各自不同的使用场景	知识
2	掌握中间件分配方式，包括分配到路由上、分配到路由组上、分配到控制器上	技能
3	能自定义中间件，并注册中间件到 Web、API 组或路由中间件组中	技能
4	能编码实现中间件的前置操作和后置操作	技能

5.1 认识中间件

　　参考 2.2.5 节，创建并用 PhpStorm 开发工具打开 Laravel 新项目。

　　可观察到，在项目的 app\Http\Middleware 子目录中，系统预定义了 9 个中间件。每个中间件都有各自的过滤处理功能，如图 5 – 1 所示。

图 5 – 1　项目预定义了 9 个中间件

打开 app\Http\Kernel.php 文件，可查看到在 Kernel 类的 3 个成员变量 $middleware、$middlewareGroups、$routeMiddleware 中分别罗列了一些中间件。

5.1.1　全局中间件

在 $middleware 成员变量中罗列的是一些全局中间件。每个 HTTP 请求进入应用，都会被这些中间件按顺序逐一处理。代码如下所示：

```
protected $middleware=[
    // \app\Http\Middleware\TrustHosts::class,
    \app\Http\Middleware\TrustProxies::class,
    \Illuminate\Http\Middleware\HandleCors::class,
    \app\Http\Middleware\PreventRequestsDuringMaintenance::class,
    \Illuminate\Foundation\Http\Middleware\ValidatePostSize::class,
    \app\Http\Middleware\TrimStrings::class,
    \Illuminate\Foundation\Http\Middleware\ConvertEmptyStringsToNull::class,
];
```

TrustProxies 中间件的作用：若请求为代理请求，则只有信任代理的 HTTP 请求才会通过，否则进行拒绝处理。

HandleCors 中间件的作用：若请求为跨站资源访问。只有满足了跨站资源共享（Cross – Origin Resource Sharing，CORS）条件的才会通过，否则进行拒绝处理。

PreventRequestsDuringMaintenance 中间件的作用：判断应用是否在维护状态。在维护状态下，本中间件会拒绝对该请求处理。

ValidatePostSize 中间件的作用：判断 Post 请求内容是否超过限制大小，若超过限制，则拒绝对该请求处理。如用 Post 请求上传文件，若文件大小超过限制，则会拒绝保存文件。

TrimStrings 中间件的作用：将请求参数值字符串两边的空白字符去除。如输入注册请求中用户名参数 name 的值时，两边可能有空白字符，会被本中间件先行去除。

ConvertEmptyStringsToNull 中间件的作用：当请求参数值为空字符串时，将其转化为 null 值，以便后续统一处理。

5.1.2　Web 和 API 中间件

$middlewareGroups 成员变量内部有 2 个配置完备的路由中间件组：Web 和 API。从名称也可看出，分别服务于传统 Web 应用路由和 API 应用路由。代码如下所示：

```
protected $middlewareGroups =[
    'web' =>[
        \app\Http\Middleware\EncryptCookies::class,
        \Illuminate\Cookie\Middleware\AddQueuedCookiesToResponse::class,
        \Illuminate\Session\Middleware\StartSession::class,
        \Illuminate\View\Middleware\ShareErrorsFromSession::class,
        \app\Http\Middleware\VerifyCsrfToken::class,
        \Illuminate\Routing\Middleware\SubstituteBindings::class,
    ],

    'api' =>[
        /* \Laravel\Sanctum\Http\Middleware\EnsureFrontendRequestsAreStateful::class*/
        'throttle:api',
        \Illuminate\Routing\Middleware\SubstituteBindings::class,
    ],
];
```

1. Web 中间件组

Web 中间件组用于传统 Web 项目开发场景。即在传统 Web 项目中，针对 HTTP 请求，将按顺序逐一执行 Web 中间件组中的各中间件。Web 组内各中间件的功能简述如下：

EncryptCookies 中间件负责对 Cookie 进行加密。

AddQueuedCookiesToResponse 中间件将添加到队列中的 Cookie 返回给 Response 对象。

StartSession 中间件启用 Session 机制维护用户的状态信息。

ShareErrorsFromSession 中间件借助 Session 机制，将一些错误信息在 Session 作用域范围做共享。

VerifyCsrfToken 中间件用于避免遭受跨站请求伪造攻击（CSRF）。Laravel 会自动为有效用户生成一个 CSRF 令牌（存放在 Session 中，用于判断发起请求者是否为验证授权用户），应用中一般将 CSR 令牌代码 {{csrf_field()}}（如@csrf 指令）放入 HTML 表单中即可。

SubstituteBindings 中间件用于自动获取路由上的参数，并做类型的转化。譬如：从路由/movies/{id} 上将 id 值解析出来，然后通过具体 id 值进行数据库查询，再将查询结果映射到对应的 Movie 模型类对象。

2. API 中间件组

API 中间件组用于前后端分离开发场景，内部默认仅有2个中间件。较之传统Web项目有多个中间件而言，API 项目无须 Session、Cookie 等机制处理，一般也不考虑 CSRF 防护，其运行效率要相应高效得多。API 组中2个中间件的功能简述如下：

throttle 中间件实现访问限流。默认限定用户1分钟内最大访问次数为60，若超过限定次数，则抛出访问次数限制异常，会拒绝请求。

SubstituteBindings 中间件在 Web 中间件组中也存在，用于自动获取路由上的参数，并做类型的转化。

3. Web、API 请求绑定 Web、API 中间件组

在路由服务者类（app\Providers\RouteServiceProvider）的 boot() 方法中实现了"Web 请求绑定 Web 中间件组，API 请求绑定 API 中间件组"。代码如下：

```php
public function boot(){
    $this->configureRateLimiting();

    $this->routes(function(){
        Route::middleware('api')
            ->prefix('api')
            ->group(base_path('routes/api.php'));

        Route::middleware('web')
            ->group(base_path('routes/web.php'));
    });
}
```

在启动 Laravel 应用加载服务者时，路由服务者类会执行以上 boot() 方法，实施以上绑定关系。因此，当 Web 请求访问时，就会执行 Web 组中的中间件；当 API 请求访问时，就会执行 API 组中的中间件。

5.1.3 路由中间件

在 $routeMiddleware 变量中罗列的也是路由相关中间件。但这里的中间件可单独分配到路由上，或者加入其他中间件组中。代码如下所示：

```php
protected $routeMiddleware = [
    'auth' => \app\Http\Middleware\Authenticate::class,
    'auth.basic' => \Illuminate\Auth\Middleware\AuthenticateWithBasicAuth::class,
    'auth.session' => \Illuminate\Session\Middleware\AuthenticateSession::class,
    'cache.headers' => \Illuminate\Http\Middleware\SetCacheHeaders::class,
    'can' => \Illuminate\Auth\Middleware\Authorize::class,
    'guest' => \app\Http\Middleware\RedirectIfAuthenticated::class,
    'password.confirm' => \Illuminate\Auth\Middleware\RequirePassword::class,
```

```
    'signed' => \app\Http\Middleware\ValidateSignature::class,
    'throttle' => \Illuminate\Routing\Middleware\ThrottleRequests::class,
    'verified' => \Illuminate\Auth\Middleware\EnsureEmailIsVerified::class,
];
```

一些核心中间件的功能简述如下：

auth 中间件，会判断用户是否登录，若未登录，则会定向到 login 路由。

auth.basic 中间件，通过判断用户名和口令来实施登录验证。

auth.session 中间件，会比对当前请求用户的 Session['password_hash'] 和数据库中的 password 字段，若相同，则请求放行，若不同，则删除所有 Session 并跳转到 login 路由。

cache.headers 中间件，通过增加 HTTP 头设置缓存，让请求能极速获取响应过的内容。

can 中间件，用于判断请求用户是否对请求有访问授权。

guest 中间件，作用是：当请求页是注册、登录、忘记密码时，检测用户是否已登录，如果已经登录，则重定向到首页，若没有，就打开相应页面。

password.confirm 中间件，作用是：对于某些敏感资源，要求输入正确密码后方能进行访问。

throttle 中间件，实现访问限流。默认限定用户 1 分钟内最大访问次数为 60，若超过限定次数，则抛出访问次数限制异常，结束请求。

verified 中间件，限定只有经过 Email 验证的用户才能访问。

注意：自定义的中间件，通常为路由单独使用，应放入该 $routeMiddleware 数组变量中。倘若自定义的中间件要处理每个 HTTP 请求，则应放入 $middleware 变量中；若自定义的中间件要处理 Web 请求，则应放入 Web 组内；若自定义的中间件要处理 API 请求，则应放入 API 组内。

5.1.4 使用中间件

1. 基础用法

路由中使用自定义中间件非常简单，在路由后加 middleware() 方法指定相应中间件即可。如下所示：

```
Route::get('/',function(){
    return view('welcome');
})->middleware('auth');
```

在访问项目的根资源"/"前，会进行 auth 中间件处理。auth 中间件会判断用户是否登录，若未登录，则会定向到 login 路由。因此，启动 XAMPP 中的 Apache 服务，用 Chrome 浏览器访问 http://localhost/hiLaravel/public/，会返回如图 5-2 所示结果。

这说明 auth 中间件发现用户没在登录状态，将之转向到 login 路由了。当然，此时没有定义 login 路由，所以显示了报错信息：Route[login] not defined。

注意：以上 auth 中间件位于 app\Http\Kernel 类的 $routeMiddleware 数组变量中，因此可单独使用到路由上。

再如另一个常用中间件 throttle，其功能是防止频繁访问路由，即在一定时间内限定访问次数。throttle 同样位于 app\Http\Kernel 类的 $routeMiddleware 数组变量中，因此可单独使用到路由上。如下所示：

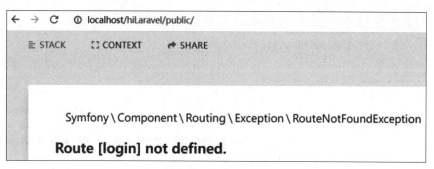

图 5-2　auth 中间件将未登录用户的请求定向到 login 路由

```
Route::middleware('throttle:60,1')->group(function(){
    route::get('/time',function(){
        return time();  //当前时间戳
    });
});
```

这是一种为多个路由一起加中间件的写法（中间件设置在路由组之上），此处为/time 路由加上了中间件 throttle。参数 60 和 1，即指示 1 分钟内最多访问 60 次，若超出该访问频率，则会被拒绝访问，显示报错信息。

启动 XAMPP 中的 Apache 服务，在 Chrome 浏览器中，按 F12 键打开开发者工具，选择 Network 视图，然后访问 http://localhost/hiLaravel/public/time，会返回结果，如图 5-3 所示。

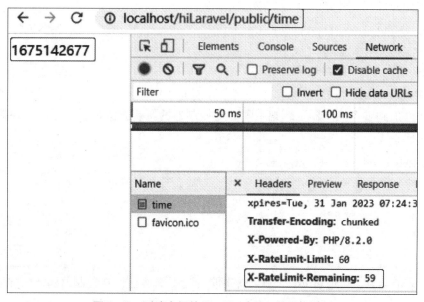

图 5-3　测试中间件 throttle 功效：第一次访问

在开发者工具的 Network 视图中，查看发送 time 请求后的 Response Headers 信息。发现响应头 X–RateLimit–Remaining 值为 59，这说明 1 分钟内还可访问 59 次，throttle 中间件已经起效。

当频繁访问，1 分钟内访问超过 60 次的限额时，则会报 429 错误，如图 5-4 所示。

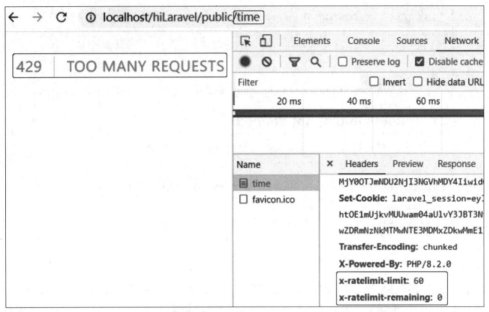

图 5-4　测试中间件 throttle 功效：访问次数超出限额出错

2. 多个中间件同时分配到一个路由上

在一个路由上可同时分配多个中间件，中间件名用逗号间隔即可。为/admin 路由加上了 throttle 和 auth 两个中间件，以下所示：

```
Route::get('/admin'',function(){
    return view('admin');
})->middleware('throttle','auth');
```

3. 将中间件加到控制器上

将中间件加到整个控制器上，则中间件对控制器的所有方法都会起作用。在控制器构造内加以下代码：

```
class MovieController extends Controller{
    public function __construct(){
        $this->middleware('auth);
    }
    ......
}
```

当然，若有需要，可通过 except 选项来剔除部分处理方法。在控制器构造内加以下代码：

```
class MovieController extends Controller{
    public function __construct() {
        $this->middleware('auth',[
            'except'=>['show','index','details']
        ]);
```

```
    }
    ......
}
```

以上除了 show( )、index( )、details( ) 三个方法外，auth 中间件对 MovieController 控制器中的其他处理方法都起到验证作用。

除了 except 选项外，还可用 only 选项。only 是 except 的反面做法：中间件仅仅对控制器中指定方法起效。代码如下所示：

```
class MovieController extends Controller{
    public function __construct(){
        $this->middleware('admin.check')->only('store','update','destroy');
    }
    ......
}
```

以上代码中，中间件 admin.check 仅对 MovieController 控制器中的 store( )、update( )、destroy( ) 三个方法起作用。

4. 中间件应用于路由组

可设置 Route::middleware('中间件名')->group(function( ){…}，则组内的所有路由都会被分配指定的中间件。代码如下所示：

```
Route::middleware('score.check')->group(function()  {
    Route::get('/math/score/{score}',function(){
        ......
    });
    ......
    Route::get('/english/score/{score}',function(){
        ......
    })->withoutMiddleware('score.check');//#阻止中间件应用于该组内路由
});
```

score.check 中间件将对组内所有路由起作用。注意：另有 withoutMiddleware('中间件名') 写法，可阻止中间件对指定路由的执行。

5.2 自定义中间件

对于自定义中间件，通常使用 artisan make:middleware 命令创建，然后按需对代码进行完善。中间件使用前，还需在 Kernel 类中进行注册。

中间件注册到全局中间件组中，则所有请求都会被该中间件处理；中间件注册到 Web 组中，则 Web 请求会被该中间件处理；中间件注册到 API 组中，则 API 请求会被该中间件处理；若中间件注册为路由中间件，则还需将该中间件分配到相应路由上，当访问路由时，中间件会进行相应处理。

5.2.1 用命令创建中间件并完善代码

使用 PHP 的 artisan make:middleware 命令可直接创建中间件，中间件实际为一个类文件。

在 PhpStorm 环境下打开项目，单击 View→ToolWindows→Terminal，打开终端窗口。在项目目录下，输入 PHP 的 artisan make:middleware 命令，创建中间件，如下所示：

```
PS C:\xampp\htdocs\hiLaravel>php artisan make:middleware ScoreCheck
```

该命令会生成中间件代码文件 app\Http\Middleware\ScoreCheck.php。接着可完善该中间件类的处理方法 handle()。

自定义中间件示例：假设 HTTP 参数 score 的值在 0～100 范围内，可正常处理，否则，重定向 URL 到 scores。ScoreCheck 中间件类及其 handle() 方法的实现代码如下所示：

```
class ScoreCheck{
    public function handle(Request $request,Closure $next)  {
      if($request->score<0 or $request->score>100){
          return redirect('scores');
      }
      return $next($request);   //请求继续执行
    }
}
```

5.2.2 注册中间件

1. 中间件可注册到全局中间件组中

中间件注册到全局中间件组中，则所有请求都会被该中间件处理。将 ScoreCheck 中间件加入 Kernel.php 文件的 $middleware 变量中，如下所示：

```
protected $middleware=[
   ...
   //自定义中间件:
   \App\Http\Middleware\ScoreCheck::class,
];
```

2. 中间件可注册到 Web 或 API 组中

中间件注册到路由中间件组 Web 或 API 中，则相关类型请求会被该中间件处理。

将 ScoreCheck 中间件加入 Kernel.php 文件 $middlewareGroups 内的 web 组中，则进行传统 Web 请求时，该中间件会处理，如下所示：

```
protected $middlewareGroups=[
    'web'=>[
    ......
        //注册自定义中间件:
        \App\Http\Middleware\ScoreCheck::class,
```

],
......
];

同样，可注册到 $middlewareGroups 内的 api 组中，则 API 请求时，该中间件会处理，如下所示：

```
protected $middlewareGroups = [
    ......
    'api' => [
        ......
        //自定义中间件:
        \app\Http\Middleware\ScoreCheck::class,
    ],
];
```

3. 中间件可注册到路由中间件组中

更为一般的做法是将中间件注册到 $routeMiddleware 数组变量中，使之成为能单独使用的路由中间件。

可将 ScoreCheck 中间件加入 Kernel.php 文件的 $routeMiddleware 变量中，如下所示：

```
protected $routeMiddleware = [
    ......
    //自定义中间件:
    'score.check' => \app\Http\Middleware\ScoreCheck::class,
];
```

注意，需要为中间件分配一个键，以上 ScoreCheck 中间件注册了"score.check"键值，届时为路由分配中间件 ScoreCheck 时，指定该"score.check"键即可。

假设有路由 grab/{score}，为该路由分配 ScoreCheck 中间件。如下所示：

```
Route::get('/grab/{score}',function($score=0){
    return '已抓取成绩'. $score;
})->middleware('score.check');
```

在 Chrome 浏览器地址栏输入 http://localhost/hiLaravel/public/grab/99，其执行结果如图 5-5 所示。

图 5-5 测试自定义中间件：验证通过

因为中间件 ScoreCheck 被分配到/grab/{score} 路由上，所以，当/grab/99 资源请求时，"score.check"键对应的 ScoreCheck 中间件将参与处理。而 score 值 99 在 0～100 范围内，ScoreCheck 验证通过，后续路由正常参与，返回"已抓取成绩99"信息。

在 Chrome 浏览器地址栏输入 http://localhost/hiLaravel/public/grab/999，其执行结果如图 5-6 所示。

图 5-6 测试自定义中间件：验证未通过被切至/scores 路由

图 5-6 中呈现 404 错误的原因是：score 值不在 0～100 范围内，ScoreCheck 中间将之重定向到了 scores 资源。此时因为没有定义相应/scores 路由，从而发生了资源找不到的 404 错误信息。其重定向可在浏览器开发者工具中观察到，如图 5-7 所示。

Name	Status	Type	Initiator
999	302	document / Redirect	Other
scores	404	document	grab/999

图 5-7 观察路由重定向

5.2.3 前置操作和后置操作

中间件处理逻辑代码可在请求操作之前执行，也可在响应之后执行。对于这些不同情况，可将中间件分为前置中间件和后置中间件。

创建含有前置操作和后置操作的中间件，如下所示。

1. 定义 BeforeAfter 中间件

用 php artisan make：middleware BeforeAfter 命令创建中间件 BeforeAfter 的文件 app\Http\Middleware\BeforeAfter.php。

编写 BeforeAfter 中间件类的处理方法 handle()，代码如下：

```
public function handle(Request $request,Closure $next){
    echo '前置操作<br>';
    $response = $next($request);//请求交给下个处理
    echo '返回响应:'. $response;
    dd('后置操作');
}
```

其中，$next($request) 之前的代码就是前置操作；$next($request) 之后的代码就是后置操作。

2. 注册 BeforeAfter 为路由中间件

在 Kernel.php 文件的 $routeMiddleware 中，为 BeforeAfter 中间件注册 "before.after" 键值，如下所示：

```
protected $routeMiddleware =[
    ......
    //自定义中间件:
    'before.after' => \app\Http\Middleware\BeforeAfter::class,
];
```

3. 分配 BeforeAfter 中间件到路由

假设有路由/grab/{score}，将 BeforeAfter 中间件分配到该路由上。代码如下：

```
Route::get('/grab/{score}',function($score=0){
    return '已抓取成绩'. $score;
})->middleware('before.after');
```

在 Chrome 浏览器地址栏输入 http://localhost/hiLaravel/public/grab/88，进行测试，返回结果，如图 5-8 所示。

图 5-8　观察中间件的前、后置操作

在请求处理前，中间件的前置代码得以执行；响应结束后，中间件的后置代码也得以执行。

对于后置操作，通常在中间件中使用独立的 terminate() 方法来完成。修改中间件文件 app\Http\Middleware\BeforeAfter.php，添加 terminate() 方法，并对原有 handle() 方法进行修改，令其完成前置操作。如下所示：

```
public function handle(Request $request,Closure $next){
    echo '前置操作<br>';
    return $next($request);//请求交给下个处理
}
public function terminate(Request $request,Response $response)
{
    echo('<br>后置操作');
}
```

在 Chrome 浏览器地址栏输入 http://localhost/hiLaravel/public/grab/88，进行测试并返回结果，如图 5-9 所示。

显然，在响应结束后，执行了 terminate() 方法。

图 5-9　后置操作放入 terminate( ) 方法后测试

实践巩固

（1）在 routes\web.php 文件中，注册路由"get/test"，用 sleep(seconds) 方法模拟路由处理的耗费时间，最后返回字符串"路由测试完毕"。

（2）定义中间件 CostTime，编写前置操作和后置操作代码，计算出路由处理的消耗时间（以毫秒为单位）。

（3）注册 CostTime 为路由中间件。

（4）分配 CostTime 中间件到路由"get/test"上，并测试 CostTime 中间件是否有效。

（5）在 routes/web.php 文件中，若有注册路由"get/test"，则代码如下：

```
Route::get('/test',function(){
    return '路由测试完毕');
}
```

做如下中间件分配：

①将 CostTime 中间件分配到路由"get/test"上。

②创建路由组，将路由"get/test"放置到路由组内，最后将 CostTime 中间件分配到路由组上。

③将 auth 和 CostTime 两个中间件同时分配到路由"get/test"上。

（6）有控制器类 MovieController，如下所示：

```
class MovieController extends Controller{
    ......
}
```

需将中间件 CostTime 分配到控制器类 MovieController 之上。注意，index( )、detials( ) 两个方法不予分配。

第 6 章

控制器实践

在 Laravel 框架应用中，控制器（Controller）是一种类，它将相关请求处理逻辑存放到其方法中。控制器通常用于替代回调方法（匿名方法），来处理请求路由。相较而言，这种解耦合的代码结构更适合规模项目开发。

控制器默认存放在"app\Http\Controllers"目录中。

控制器需继承 Controller 这一基础父类，否则会失去便捷功能，即无法用 $this -> 调用 middleware()、authorize()、validate()、dispatch() 等 Controller 方法。

学习目标

序号	基本要求	类别
1	使用 artisan make 命令创建控制器，编写处理代码，并将控制器准确设置到路由中	技能
2	使用 artisan make 命令创建 Resource 控制器时，通过指定 -- model 参数，快速实施对资源的增、删、改、查操作	技能
3	编写 ApiResource 路由及创建相应的 API 资源控制器	技能
4	掌握在控制器的构造参数中注入服务类，以及在控制器的方法参数中注入服务类的方法	技能

6.1 创建控制器

通常用 PHP 命令 artisan make:controller 创建控制器，然后按需对代码进行完善。

具体创建步骤如下所示：

（1）用 PhpStorm 开发工具打开 Laravel 项目。

（2）使用 PHP 的 artisan make:controller 命令创建控制器。

在 PhpStorm 环境下打开项目，单击 View→ToolWindows→Terminal，打开终端窗口。注意，在项目目录下输入 artisan make:controller 命令，创建控制器，代码如下所示：

```
PS C:\xampp\htdocs\hiLaravel>php artisan make:controller MovieController
```

该命令会生成控制器类文件 app\Http\Controllers\MovieController.php，代码如下所示：

```
namespace app\Http\Controllers;
use Illuminate\Http\Request;
class MovieController extends Controller
{
    //
}
```

(3) 代码完善。

接着补充方法，以实现请求的逻辑处理。如为控制器类 MovieController 加 index() 方法，代码如下：

```
namespace app\Http\Controllers;
use Illuminate\Http\Request;
class MovieController extends Controller{
    public function index(){
        return "影片列表";
    }
}
```

(4) 设置路由。

在 routes\web.php 中设置 resource 路由，如下：

```
Route::resource('movies',\app\Models\MovieController::class);
```

注：用 php artisan route:list 命令可查到 GET movies 会由 MovieController@index 处理。

(5) 测试。

打开 Chrome 浏览器，在地址栏输入 http://localhost/hiLaravel/public/movies。测试结果如图 6-1 所示。

图 6-1 测试控制器

6.2 单行为控制器

单行为控制器，即只定义一个处理行为的控制器。举例如下。

1. 编写 ShowAllLangsController 类

在 PhpStorm 环境下打开项目，单击 View→ToolWindows→Terminal，打开终端窗口。在项目目录下输入 artisan make:controller 命令，创建控制器，代码如下所示：

```
PS C:\xampp\htdocs\hiLaravel> php artisan make:controller ShowAllLangsCon-
troller
```

给控制器类 ShowAllLangsController 加个 __invoke() 方法，代码如下所示：

```
class ShowAllLangsController extends Controller{
    public function __invoke(){
        $langs = \app\Models\Lang::all();
        return $langs;   //显示数据
    }
}
```

注：实际上，通过在 php artisan make:controller 命令后加 --invokable 选项，可在控制器类中自动生成 __invoke() 方法。

2. 设置路由分配单行为控制器

在 route\web.php 中添加路由，代码如下所示：

```
Route::get('langs',\app\Http\Controllers\ShowAllLangsController::class);
```

注意，此处无须指定处理方法。当访问 langs 资源时，将交由 ShowAllLangsController 控制器来处理，此时在 ShowAllLangsController 内定义了单行为方法 __invoke()，因此 __invoke() 方法将被执行。

注：此处的单行为控制器名称"ShowAllLangsController"或许有些偏长，但是更有表达力。

3. 创建模型

创建模型类、创建数据表 langs、配置数据库连接参数等相关操作，可参考 3.1.2 节，此处不再赘述。

4. 测试

在 XAMPP 控制面板上启动 Apache 和 MySQL 服务，打开 Chrome 浏览器，在地址栏输入 http://localhost/hiLaravel/public/langs，测试结果如图 6-2 所示。

图 6-2 测试单行为控制器

6.3 Resource 控制器

4.3 节中介绍了 Resource 路由遵从 REST 架构，定义一个 Resource 路由相当于定义了 7 个增、删、改、查相关的资源操作路由。对于 Resource 路由，应该分配给 Resource 控制器。而 Resource 控制器可使用 PHP 的 artisan make:controller 加 --resource 选项快速创建。

创建 Resource 控制器 MovieController,操作如下:

在 PhpStorm 环境下打开项目,单击 View→ToolWindows→Terminal,打开终端窗口。注意,在项目目录下,输入 artisan make:controller --resource 命令,创建 Resource 控制器,代码如下所示:

```
php artisan make:controller --resource MovieController
```

生成的 \app\Http\Controllers\MovieController.php 控制器文件中含有 7 个路由处理方法,代码如下:

```
class MovieController extends Controller{
    public function index(){ }
    public function create(){ }
    public function store(Request $request){ }
    public function show($id){ }
    public function edit($id){ }
    public function update(Request $request,$id){ }
    public function destroy($id){ }
}
```

注意,在 routes\web.php 文件中定义 Resource 路由时,Resource 控制器无须也不要指定处理方法。如下所示:

```
Route::resource('movies','\app\Http\Controllers\MovieController');
```

Resource 控制器操作资源的关系见表 4-1。

如果想要在 Resource 控制器方法中指定操作的模型,可在创建 Resource 控制器命令后加上 --model 选项达成,如下所示:

```
php artisan make:controller MovieController --resource --model=Movie
```

这样,在 Resource 控制器 MovieController 的方法中可调用 Movie 模型类,快速实施增、删、改、查操作。

另外,定义 Resource 路由时,可以指定 Resource 控制器处理部分方法,而不是默认所有方法,如下所示:

```
1. Route::resource('movies',
2.     \app\Http\Controllers\MovieController::class)
3.     ->only(['index','show']);
4. Route::resource('movies',
5.     \app\Http\Controllers\MovieController::class)
6.     ->except(['create','store','update','destroy']);
```

第 3 行,only() 方法指定:只能使用 MovieController 控制器的 index() 和 show() 方法处理 movies 路由。

第 6 行,except() 方法指定:只能使用 MovieController 控制器中除 create()、store()、update()、destroy() 之外的方法。

6.4 API Resource 控制器

API Resource 控制器是针对 API 项目开发所使用的特殊控制器。

当开发 REST API 项目时，通常无须 create 和 edit 路由（用于返回新增和编辑操作界面），控制器中也相应无须加对应方法。具体操作如下。

针对 API 项目，在定义 Resource 路由时，可使用 apiResource( ) 方法替代 resource( ) 来排除 create 和 edit 这两个路由。在 routes\api.php 文件中编写 apiResource 路由，如下所示：

```
Route::apiResource('movies',\app\Http\Controllers\MovieController::class);
//剔除 create、edit
```

以上 apiResource( ) 方法生成的路由可用 php artisan route:list 命令查看。结果如图 6-3 所示，确实去除了 create 和 edit 路由。

```
GET|HEAD    api/movies ..................... movies.index > MovieController@index
POST        api/movies ..................... movies.store > MovieController@store
GET|HEAD    api/movies/{movie} .............. movies.show > MovieController@show
PUT|PATCH   api/movies/{movie} .............. movies.update > MovieController@update
DELETE      api/movies/{movie} .............. movies.destroy > MovieController@destroy
```

图 6-3　查看 apiResource( ) 方法生成的路由

要快速生成不包含 create 和 edit 方法的，用于开发 API 项目的资源控制器，可在创建 Controller 命令后加 --api 选项达成。如下所示：

```
php artisan make:controller API/MovieController --api
```

打开生成的 app\Http\Controllers\API\MovieController.php 文件，代码如下所示：

```
class MovieController extends Controller
{
    public function index(){ }
    public function store(Request $request){ }
    public function show($id){ }
    public function update(Request $request,$id){ }
    public function destroy($id){ }
}
```

相比 Resource 控制器，显然 API Resource 控制器少了 create( ) 和 edit( ) 两个方法。

6.5 注　入

Laravel 应用类 Application 继承自容器类 Container，因此，Laravel 应用本身就是一个服务容器。该服务容器具备控制反转（Inversion of Control，IoC）功能，IoC 可方便地管理依赖注入。

Laravel 应用中，针对控制器的注入，常见有两种方式：构造注入和方法注入。

在 app 目录下创建目录 Services，然后创建服务类 HelloService，代码如下所示：

```php
namespace app\Services;
class HelloService
{
    public function say(){
        return 'Hello,你好';
    }
}
```

以下演示如何将服务类实例分别注入构造和方法中。

6.5.1 构造注入

在控制器的构造参数中注入服务类 HelloService 的实例 $helloService，参考步骤如下。

用 PHP 的 artisan make:controller 命令创建 HelloController，如下所示：

```
PS C:\xampp\htdocs\hiLaravel>php artisan make:controller HelloController
```

编写代码，构造注入服务类 HelloService 的实例 $helloService，并在 sayHi 方法中调用注入实例中的方法。代码如下所示：

```php
class HelloController extends Controller{
    protected $helloService;
    public function __construct(\App\Services\HelloService $helloService){
        $this->helloService = $helloService;
    }
    public function sayHi(){
        return $this->helloService->say();
    }
}
```

在 routes\web.php 中加路由，如下所示：

```
Route::get('hello','\App\Http\Controllers\HelloController@sayHi');
```

在 XAMPP 控制面板中启动 Apache 服务；打开 Chrome 浏览器，在其地址栏输入 http://localhost/hiLaravel/public/hello。测试结果中出现了 HelloService 类 say() 方法返回内容，说明构造注入成功，如图 6-4 所示。

图 6-4 测试构造注入

6.5.2 方法注入

在控制器的方法参数中注入服务类 HelloService 的实例 $helloService，参考步骤如下。

将原来 HelloController 类中的构造注销，保留 sayHi() 方法，并在该方法中加入 HelloService 类参数 $helloService。代码如下所示：

```
class HelloController extends Controller{
    //注销构造方法,在原 sayHi()方法中直接注入 $helloService 参数
    public function sayHi(\App\Services\HelloService $helloService){
        return $helloService->say();
    }
}
```

浏览器再次执行 http://localhost/hiLaravel/public/hello。测试结果中同样出现了图 6-4 所示结果，这说明方法注入成功。实际上，用 php artisan make:controller -resource 命令生成的控制器类中，有不少方法中注入了 Request 请求对象，代码如下所示：

```
public function store(Request $request){
    //
}
```

由此可见，Laravel 中注入功能的引入为项目开发提供了极大便利。

6.6 路由缓存

Laravel 路由缓存能够大幅减少 Laravel 应用中路由的注册时间。

要生成路由缓存，仅需执行 PHP 的 artisan route:cache 命令，如下所示：

```
PS C:\xampp\htdocs\hiLaravel>php artisan route:cache
```

在运行该命令后，每次请求都将会加载到缓存中，下次访问时，无须再访问实际路由，直接缓存返回。通常在项目进行部署时才运行 php artisan route:cache 命令进行路由缓存设置。

当然，Laravel 也提供了清除路由缓存命令，如下所示：

```
PS C:\xampp\htdocs\hiLaravel>php artisan route:clear
```

6.7 控制器中分配中间件

中间件可分配给路由，如下所示：

```
Route::get('profile',[UserController::class,'show'])->middleware('auth');
```

中间件也可以分配到控制器。实际上，在控制器的构造中指定中间件更为方便：使用控制器构造中的 middleware() 方法，可以将中间件分配给控制器，甚至可限制中间件只针对

控制器中的某些方法起作用，如下所示：

```
1. class MovieController extends Controller{
2.     public function __construct(){
3.         $this->middleware('auth');
4.         $this->middleware('log')->only(['store','update']);
5.         // $this->middleware('log')->except(['index','show','details']);
6.         $this->middleware(function($request,$next){
7.             echo "处理请求:". $request;//匿名中间件处理逻辑
8.             return $next($request);//请求传递给下一个中间件处理
9.         });
10.    }
11.    ......
12. }
```

第3行，代码 $this->middleware('auth') 的作用：控制器中所有处理方法都分配了 auth 中间件。

第4行，代码 $this->middleware('log')->only(['store','update']) 的作用：控制器中只有 store() 和 update() 方法被分配了 log 中间件，其他方法未被分配。

第5行，代码 $this->middleware('log')->except(['index','show','details']) 的作用：控制器中除了 index()、show() 和 details() 方法外，其他方法都被分配了 log 中间件。

同时，控制器还允许在构造中用闭包来直接注册匿名中间件。如代码第6~9行所示，由匿名方法 function($request,$next) 中的代码处理中间件逻辑后，将请求交给下一个中间件处理。可见注册匿名中间件方式非常便捷，无须走完整流程三步骤：①中间件定义；②中间件注册；③分配中间件到路由或中间件上。

实践巩固

先创建 Laravel 项目 hiLaravel，然后做如下实践操作：

（1）使用 artisan make:controller 命令创建处理部门信息的控制器 DeptController。

（2）完善控制器 DeptController 代码，在其 index() 方法中返回"部门列表"测试信息。

（3）在 routes\web.php 中设置 resource 路由，将 depts 请求交由 DeptController 处理。

（4）打开浏览器，测试 http://localhost/hiLaravel/public/depts 访问效果。

（5）创建操作部门的模型 Dept。

提示：创建数据库表 depts 并添加若干测试数据、创建模型类 Dept、配置数据库连接参数。

（6）使用 artisan make:controller 命令创建处理部门信息的控制器 DeptController2 的同时，指定操作的模型为 Dept。

（7）在 routes\web.php 中修改 Resource 路由，将 depts 请求交由 DeptController2 处理。

（8）打开浏览器，再次测试 http://localhost/hiLaravel/public/depts 请求的访问效果。

（9）编写针对 depts 请求的 apiResource 路由。

（10）用 artisan make:controller 命令带 -- api 参数，创建相应的 API 资源控制器。

（11）在控制器 DeptController2 的构造参数中注入服务类 DeptService 的实例。

提示：服务类 DeptService 功能不限，加路由后，测试注入是否成功。

（12）在控制器 DeptController2 的方法参数中注入服务类 DeptService 的实例。

提示：服务类 DeptService 功能不限，加路由后，测试注入是否成功。

第 7 章

Eloquent 模型实践

在 Laravel 框架应用中，控制器若要处理数据，会转交任务给 Eloquent 模型。

Eloquent 模型是当前 ORM（Obejct Relational Mapping，对象关系映射）主流框架模型，通过面向对象的代码操作，就可实现数据库中数据的变化。

学习目标

序号	基本要求	类别
1	理解 Laravel 框架中 Eloquent 模型的基础概念	知识
2	掌握创建 Eloquent 模型的一般过程	技能
3	掌握迁移文件的创建、编辑、执行及回测操作	技能
4	掌握 Eloquent 模型中一些关键约定的使用	知识
5	掌握 Eloquent 模型中一些常用查询方法的使用	技能
6	掌握 Eloquent 模型中常用的增、删、改操作方法	技能
7	掌握 Laravel 框架中调用原生 SQL，进行增、删、改、查操作	技能

7.1 ORM 与 Eloquent 模型

ORM 的作用是：使用面向对象技术中的对象，与关系型数据库中的数据进行相互映射，一个对象映射一行数据（记录），对象的集合映射为整个表，类映射表结构，等等。开发项目时，通过操作对象，就可映射到关系型数据库中数据的变化。

ORM 分两种不同实现方案：DataMapper 和 ActiveRecord。DataMapper 是执行 SQL 并将结果映射回对象的框架；ActiveRecord 的特点是一个模型类对应一个数据库表。模型类继承统一的 Model 类，通过 Model 类定义的增、删、改、查接口来完成对数据库中数据的操作。Laravel 框架中的 Eloquent ORM 采用的就是 ActiveRecord 方案。

7.2 创建模型入门

创建模型（类），比较简便的方式是：通过 PHP 命令 artisan make:controller 创建模型，然后按需对代码进行完善。

创建模型实际上是编写一个 Model 类的子类，模型名作为类名，建议首字符大写。

通常模型对应着数据库表，表名一般用模型名的复数形式。如：模型名为 Movie，则对应数据库表名称为 movies。倘若模型名由多个单词组成，则起名建议使用 Pascal Case 方式，如 MovieType，而对应的数据库表名则用下划线分隔多个单词，如 movie_genres。

用 PHP 的 artisan make:model 命令来创建模型，如下所示：

```
PS C:\xampp\htdocs\hiLaravel>php artisan make:model Movie
```

在 App/Models/目录中，会生成 Movie.php 文件。代码如下所示：

```
class Movie extends Model{
    use HasFactory;
}
```

注意：因为继承了 Model，所以 Movie 类获得了一系列与数据库表交互的方法。

接着，建立一个路由，测试 Movie 模型方法是否可用。代码如下所示：

```
Route::resource('movies/test',function(){
    $movie = \app\Models\Movie::create(['name'=>'大闹天宫','runtime'=>106]);
    $movie->update(['runtime'=>120]);
    $movie->delete();
    $movies = \app\Models\Movie::all();
});
```

以上代码说明：从 Model 类中继承过来大量方法后，可快速实施对表数据的增、删、改、查操作。当然，此时尚未与数据表建立联系，以上数据操作是不会成功的。

7.3 迁移实践

7.3.1 迁移

1. 迁移的概念

迁移（Migration）是一种数据库版本控制系统，广泛使用于项目开发中。同样，在 Laravel 构建项目时，所有数据库表结构定义在迁移文件中。通过执行相应的迁移命令，在指定数据库中生成相应的表结构，也可以实行回滚操作。

2. 默认集成迁移文件

打开 Laravel 项目目录，在 database\migrations 子目录中，有默认集成在框架中的 4 个迁移文件，显然执行迁移后，对应着数据库 4 张相关表，分别用于构建用户表、密码重置表、任务失败表、访问令牌表，如图7-1所示。

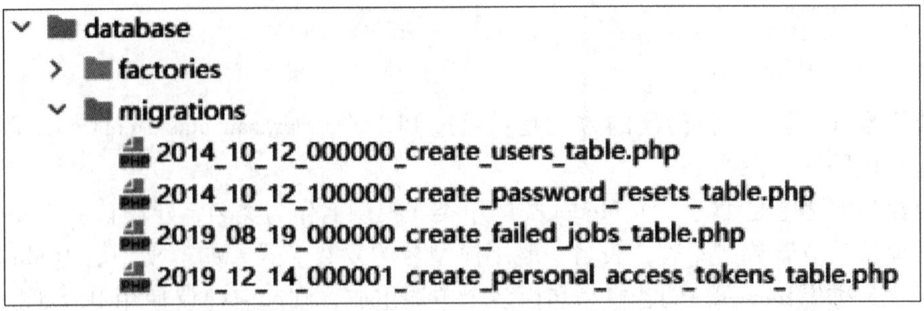

```
database
├── factories
└── migrations
    ├── 2014_10_12_000000_create_users_table.php
    ├── 2014_10_12_100000_create_password_resets_table.php
    ├── 2019_08_19_000000_create_failed_jobs_table.php
    └── 2019_12_14_000001_create_personal_access_tokens_table.php
```

图7-1 集成在框架中的迁移文件

观察 2014_10_12_000000_create_users_table.php 迁移文件，代码如下所示：

```php
use Illuminate\Database\Migrations\Migration;
use Illuminate\Database\Schema\Blueprint;
use Illuminate\Support\Facades\Schema;
return new class extends Migration
{
    public function up()
    {
        Schema::create('users',function(Blueprint $table){
            $table->id();
            $table->string('name');
            $table->string('email')->unique();
            $table->timestamp('email_verified_at')->nullable();
            $table->string('password');
            $table->rememberToken();
            $table->timestamps();
        });
    }
    public function down()
    {
        Schema::dropIfExists('users');
    }
};
```

迁移文件名形如"创建时间_create_表名_table.php"，可谓见名知意。

迁移文件中有两个操作方法：up()为迁移方法，用于向数据库中添加表，以及为表添加字段（列）、索引结构；down()为迁移反向操作，即用于撤销up()操作，一般用于删除表操作。

以上 Schema::create() 方法在数据库中新建了一个名为 users 的表，并为表加上多个字段：id（自增主键）、name（varchar 类型）、email（varchar 类型且值唯一）、email_verified_at（timestamp 类型且非 null）、password（varchar 类型）、remember_token（varchar 类型且非

null)、created_at（timestamp 类型）和 updated_at（timestamp 类型）。

id( ) 方法是 bigIncrements 的别名，用于创建自增主键列 id。

rememberToken( ) 方法用于创建一个允许 null 值的 varchar 类型的 remember_token 字段，实现存储"记住我"功能。

timestamps( ) 方法用于创建 timestamp 类型的 created_at 和 updated_at。

7.3.2 迁移文件的创建和执行

1. 创建迁移文件

迁移文件可使用 PHP 命令 artisan make:migration 带上迁移文件名的方式创建，如下所示：

```
PS C:\xampp\htdocs\hiLaravel>php artisan make:migration create_books_table
```

该命令将在 database\migrations 目录下生成相应的迁移文件，如：

```
2023_02_01_141157_create_books_table.php
```

但实际上，迁移文件过程通常伴随着创建模型操作。可使用创建模型命令 php artisan make:model 加选项 --migration（或 -m）达成。如下所示：

```
PS C:\xampp\htdocs\hiLaravel>php artisan make:model Emp --migration
```

创建 emp 模型的同时，在 database\migrations 目录下创建了对应的迁移文件，如：

```
2023_02_01_141312_create_emps_table.php
```

迁移文件的代码如下：

```php
return new class extends Migration
{
    public function up()
    {
        Schema::create('emps',function(Blueprint $table){
            $table->id();
            $table->timestamps();
        });
    }
     public function down()
    {
        Schema::dropIfExists('emps');
    }
};
```

至此，可在 up( ) 方法中加入应用所需的其他字段。以下代码中加入了 name、sex、tel 三个字段。

```php
public function up()
{
    Schema::create('emps',function(Blueprint $table){
        $table->id();
```

```
        $table->timestamps();
        //name、sex、tel
        $table->string('name');
        $table->string('sex');
        $table->string('tel')->nullable();
    });
}
```

2. 配置数据库的连接参数

接下来需配置 Laravel 项目与数据库的连接参数。

打开项目目录中的 .env 文件，设置以 DB_ 为首的参数的值，代码如下所示：

```
DB_CONNECTION=mysql
DB_HOST=127.0.0.1
DB_PORT=3306
DB_DATABASE=test
DB_USERNAME=root
DB_PASSWORD=
```

其中：

DB_CONNECTION，设置数据库产品类型，系统会按照该类型使用相应数据库产品驱动；

DB_HOST，设置数据库所在主机，可写主机的域名或 IP 地址；

DB_PORT，设置数据库产品的对外服务器端口号；

DB_DATABASE，设置连接的数据库名称；

DB_USERNAME，设置操作数据库的用户名；

DB_PASSWORD，设置用户名对应的密码。

3. 执行迁移

用 PHP 的 artisan migrate 命令将 database\migrations 下所有文件按照 up( ) 方法指示进行迁移。执行命令如下所示：

```
PS C:\xampp\htdocs\hiLaravel>php artisan migrate
```

观察控制台中的反馈信息，包括自己创建的迁移文件在内，5 个文件按时间顺序都迁移成功，如图 7-2 所示。

```
INFO  Running migrations.

2014_10_12_000000_create_users_table ........................... 31ms DONE
2014_10_12_100000_create_password_resets_table ................. 42ms DONE
2019_08_19_000000_create_failed_jobs_table ..................... 36ms DONE
2019_12_14_000001_create_personal_access_tokens_table .......... 47ms DONE
2023_02_01_141312_create_emps_table ............................ 14ms DONE
```

图 7-2 文件按时间顺序成功迁移

注：若发生问题，可用 php artisan migrate:rollback 命令来撤销上次的迁移结果。

用 Chrome 浏览器访问 http://localhost/phpMyAdmin，打开 test 数据库，可发现除了创建的相应 5 个表外，另有一个 migrations 表，如图 7-3 所示。

图 7-3　迁移生成相应数据表

migrations 表中详细记录了迁移历史信息，如图 7-4 所示。

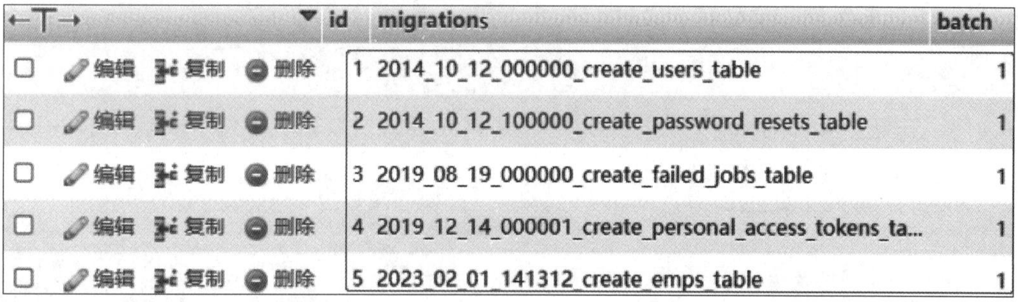

图 7-4　migrations 表中记录了迁移历史

单击 emps 表的链接，单击结构按钮，观察 emps 表结构，如图 7-5 所示，确实按照迁移文件 up() 方法的规定创建了对应的 emps 表结构。

图 7-5　迁移文件生成的 emps 表结构

迁移命令另有几种常见用法：

（1）用--path 参数指定要迁移的文件，示例如下：

```
php artisan migrate --path=
 ./database/migrations/2023_02_01_141312_create_emps_table.php
```

（2）用--path 参数指定要回滚的迁移文件，示例如下：

```
php artisan migrate:rollback --path=
 ./database/migrations/2023_02_01_141312_create_emps_table.php
```

（3）用 migrate:reset 命令回滚所有的迁移，该执行会删除所有表和数据，示例如下：

```
php artisan migrate:reset
```

（4）用 migrate:refresh 命令对所有的迁移先回滚再重新迁移，示例如下：

```
php artisan migrate:refresh
```

7.3.3 迁移属性的类型和约束

1. 常用属性类型

为便于在迁移文件的 up() 方法中指定迁移属性（映射数据表中列字段），表 7-1 中罗列了一些常用的迁移属性类型的使用示例。

表 7-1 常用的迁移属性类型示例

迁移属性示例	功能说明
$table->increments('id');	数据库主键自增 ID，作用类似于 $table->id()
$table->integer('age');	等同于数据库中的 INTEGER 类型
$table->float('amount');	等同于数据库中的 FLOAT 类型
$table->char('sex',1);	等同于数据库中的 CHAR 类型
$table->string('name');	等同于数据库中的 VARCHAR 类型，可带长度参数
$table->dateTime('created_at');	等同于数据库中的 DATETIME 类型
$table->enum('choices',['foo','bar']);	等同于数据库中的 ENUM 类型
$table->tinyInteger('num');	等同于数据库中的 TINYINT 类型
$table->timestamps();	添加 created_at 和 updated_at 列

2. 属性的常用约束

对数据表中的列字段可指定约束，同样，在 up() 迁移方法中也可以对属性指定约束。如下所示：

```
$table->string('descp')->nullable();
```

以上为 descp 属性加上了 nullable() 约束，即允许 descp 列的值为 NULL。

up() 迁移方法中常用属性约束见表 7-2。

表 7-2　常用属性约束

迁移属性的约束示例	功能说明
->nullable()	允许该列的值为 NULL
->default('Unkown')	指定列的默认值
->unsigned()	设置列为 UNSIGNED 类型（无符号数值）

7.4　Eloquent 模型约定

了解及掌握 Eloquent 的一些关键的约定，对于 Laravel 项目开发更有裨益。

7.4.1　模型类和映射表的命名

作为约定时，模型的类名用单数，映射数据表的表名用复数。

模型命名用驼峰命名法，映射的数据表名是由模型名决定的。举例来说，模型 class Movie extends Model{} 所对应的是 movies 表；模型 class MovieType extends Model{} 所对应的是 movie_genres 表。

也可以通过在模型上定义一个 $table 属性来指定模型映射表的表名。虽然不建议这样做，但如果数据库已先行建立且不允许修改，那么只能这样操作了。代码如下所示：

```
class Emp extends Model
{
    protected $table = 'employees';
}
```

7.4.2　主键

Laravel 框架默认设定：Eloquent 模型（Model）映射的数据表（Table）中有一个名为 id 的主键（列）。若要更换主键，可通过 $primaryKey 属性指定。示例代码如下：

```
class Emp extends Model
{
    protected $primaryKey = 'emp_id';
}
```

Eloquent 模型中，主键被默认为自增整数类型的。因此，主键若不是自增类型，还需对 $incrementing 属性赋值 false；同样，主键若不是 integer 整数类型的，还需加上 $keyType 属性来指定类型。示例代码如下：

```
class Emp extends Model
{
    ......
    public $incrementing = false;
```

```
    protected $keyType = 'string';
}
```

指定关联表、更改主键名、设置非自增主键、更改主键为非整数类型（如改为字符串类型）的示例代码如下：

```
class Emp extends Model
{
    use HasFactory;
    protected $table = 'employees';
    protected $primaryKey = 'emp_id';
    public $incrementing = false;
    protected $keyType = 'string';
}
```

7.4.3 时间戳

默认情况下，Eloquent 模型会在映射数据表中创建 created_at 和 updated_at 两个时间戳列，并在添加和修改数据时自动设置相应列的值。若不要维护时间戳，则可设置 $timestamps 属性值为 false。示例代码如下：

```
class Emp extends Model
{
    public $timestamps = false;
}
```

7.4.4 数据库连接

设置 Eloquent 模型的数据库连接参数值，可打开项目 .env 文件，修改以 DB_ 为首的参数值，如下所示：

```
DB_CONNECTION = mysql
DB_HOST = 192.168.1.121
DB_PORT = 3306
DB_DATABASE = empdb
DB_USERNAME = root
DB_PASSWORD = s3cr@t
```

设置解析：DB_CONNECTION 值为 mysql，因此，会在 config/database.php 中寻找 connections 中的 mysql 项，以确定数据库产品的驱动程序。然后将以上 .env 文件中的 DB_HOST、DB_PORT 等值以 env() 方法填充到相应连接参数上，必要时进行数据库连接操作。database.php 部分代码如下所示：

```
return[
'default' => env('DB_CONNECTION','mysql'),
    'connections' =>[
        'sqlite' =>[ ..... ],
```

```
        'mysql' => [
            'driver' => 'mysql',
            'url' => env('DATABASE_URL'),
            'host' => env('DB_HOST','127.0.0.1'),
            'port' => env('DB_PORT','3306'),
            'database' => env('DB_DATABASE','forge'),
            'username' => env('DB_USERNAME','forge'),
            'password' => env('DB_PASSWORD',''),
            ......
            ]):[],
        ],
        'pgsql' => [ ..... ],
        'sqlsrv' => [ ..... ],
    ],
    'migrations' => 'migrations',
    'redis' => [ ..... ],
];
```

如果模型交互时想使用不同的连接，则可在模型上定义 $connection 属性。如下所示：

```
class Emp extends Model{
    protected $connection = 'sqlite';
}
```

运行以上代码，会在 config\database.php 中寻找 connections 中的 sqlite 项连接参数，进行数据库连接，操作该库内关联的表。

7.4.5 默认属性值

可在模型上设置 $attributes 属性值，为模型对象属性指定默认值，如下所示：

```
class Emp extends Model  {
    protected $attributes =[
        'tel' => 'unkown',
    ];
}
```

模型 Emp 中对 tel 属性设置了默认值，但没有设置 name 属性的默认值。

在对应迁移文件 2023_02_01_141312_create_emps_table.php 的 up( ) 方法中设置 name 和 tel 2 个属性，如下所示：

```
return new class extends Migration
{
    public function up()
    {
        Schema::create('emps',function(Blueprint $table){
            $table->id();
```

```
            $table->timestamps();
             $table->string('name');
             $table->string('sex');
            $table->string('tel')->nullable();
        });
    }
    ......
}
```

在 routes/web.php 中加测试路由，如下所示：

```
Route::get('test/emp',function(){
    $emp=new \app\Models\Emp();
    dd('name='.$emp->name.'sex='.$emp->sex.'tel='.$emp->tel);
});
```

打开 Chrome 浏览器，输入 http://localhost/hiLaravel/public/test/emp 进行测试。结果如图 7-6 所示，说明在模型上设置 $attributes 默认属性值有效。

图 7-6　测试说明默认属性值设置有效

7.5　Eloquent 模型常用操作

当 Eloquent 模型和数据表建立关联后，就可以和表数据进行交互了。其中用得最多的是检索数据，对此，可将每个模型视为一个强大的查询构建器。

7.5.1　数据查询与刷新

1. 使用 all() 方法检索所有记录

使用 all() 方法从模型的关联数据库表中检索所有记录。使用示例如下。

可先在数据库管理工具 phpMyAdmin 中执行如下插入记录命令：

```
INSERT INTO 'emps'('name','sex','tel')VALUES
('Ada','F','12341830591'),('Bob','M','12341830592'),('Cindy','F','12341830593'),
('Danny','M','12341830594'),('Edwin','M','12341830595'),('Fenny','F','12341830596'),
```

```
('Grant','M','12341830597'),('Henry','M','12341830598'),('Ivy','F','12341830599'),
('Jack ', 'M', '12341830510 '),(' Kim ', 'M', ' 12341830511 '),(' Lucy ', ' F ',
'12341830512')
```

然后在路由中用 all( ) 方法检索所有记录，如下所示：

```
Route::get('/emps',function(){
    $emps = \app\Models\Emp::all();
    return $emps;
});
```

用 Postman 工具测试：输入 GET 请求 http://localhost/hiLaravel/public/emps，结果如图 7-7 所示，说明使用 all( ) 方法确实会返回所有记录。

图 7-7　使用 all( ) 方法返回所有记录

2. 构造查询

每个 Eloquent 模型都可看成一个查询构造器。首先添加查询条件，然后使用 get( ) 方法返回查询结果。使用示例如下所示。

在 routes/web.php 文件中设置如下路由：

```
Route::get('/emps/m/5',function(){
    $emps = \app\Models\Emp::where('sex','M')->orderBy('name','desc')->take(5)->get();
    return $emps;
});
```

查询构造器中可链式调用 where( )、orderBy( )、take( ) 等方法约束数据，最后用 get( ) 方法限定数据返回。常见用法可参考 7.5.2 节。

用 Postman 工具测试：输入 GET 请求 http://localhost/hiLaravel/public/emps/m/5，返回结果，如图 7-8 所示。

```
← → C  ⓘ localhost/hiLaravel/public/emps/m/5

[{"id":11,"created_at":null,"updated_at":null,"name":"Kim","sex":"M","tel":"12341830511"},
{"id":10,"created_at":null,"updated_at":null,"name":"Jack","sex":"M","tel":"12341830510"},
{"id":8,"created_at":null,"updated_at":null,"name":"Henry","sex":"M","tel":"12341830598"},
{"id":7,"created_at":null,"updated_at":null,"name":"Grant","sex":"M","tel":"12341830597"},
{"id":5,"created_at":null,"updated_at":null,"name":"Edwin","sex":"M","tel":"12341830595"}]
```

图7-8 依据查询条件返回结果

3. 刷新模型

使用 fresh() 方法和 refresh() 方法可刷新模型。

fresh() 方法将从数据库中重新检索模型，返回当前模型的一个新实例。现有模型实例不会受到影响。fresh() 方法的使用示例如下。

在 routes\web.php 中设置如下路由：

```
Route::get('/emps/fresh',function(){
    $emp = \app\Models\Emp::where('name','Ada')->first();
    $empFresh = $emp->fresh();
    return '$empFresh:'. $emp
        .'<br>$empFresh:'. $empFresh
        .'<br>$emp == $empFresh:'.($emp == $empFresh? '内容相同':'内容不同')
        .'<br>$emp === $empFresh:'.($emp === $empFresh? '为相同实例':'不是一个实例');
});
```

注：first() 方法用于获取第一个记录。

用 Chrome 浏览器访问 GET 请求 http://localhost/hiLaravel/public/emps/fresh，返回结果，如图7-9所示。

```
← → C  ⓘ localhost/hiLaravel/public/emps/fresh

$empFresh:{"id":1,"created_at":null,"updated_at":null,"name":"Ada","sex":"F","tel":"12341830591"}
$empFresh:{"id":1,"created_at":null,"updated_at":null,"name":"Ada","sex":"F","tel":"12341830591"}
$emp==$empFresh: 内容相同
$emp===$empFresh: 不是一个实例
```

图7-9 fresh() 方法返回数据

refresh() 方法会将数据表中的新数据重新赋值到现有模型中。此外，已经加载的关系也会被重新加载。refresh() 方法使用示例如下。

在 routes\web.php 中设置如下路由：

```
Route::get('/emps/refresh',function(){
    $emp = \app\Models\Emp::where('name','Ada')->first();
    $emp->name = '艾达';
    $emp->refresh();
```

```
        return $emp->name;
    });
```

用 Postman 工具测试：输入 GET 请求 http://localhost/hiLaravel/public/emps/refresh，返回结果，如图 7-10 所示。

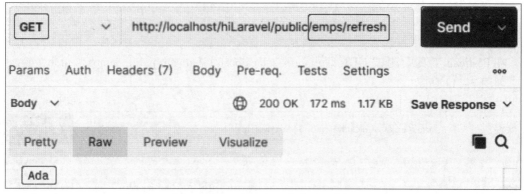

图 7-10　refresh( ) 方法返回数据

7.5.2　Eloquent 模型查询

Eloquent ORM 是一个优美、简洁的 ORM 实现框架产品。每个"Eloquent 模型"都有一个与之相对应的"数据表"，通过调用模型的方法就可操作表中数据。从应用角度看，用得最多的是各类查询。

1. 所有模型和主键查询：all( )、find( ) 和 findOrFail( ) 方法

all( ) 方法，用于查询所有模型实例。

find( ) 方法，按主键值查询模型实例。

findOrFail( ) 方法，也是按主键值查询，但查不到相应模型实例时会抛出异常。

各查询方法的使用示例如下所示。

在 routes\web.php 文件中加路由，测试 all( )、find( ) 和 findOrFail( ) 方法，代码如下：

```
Route::get('/emps/search',function(){
    $emps = \app\Models\Emp::all();
    echo $emps->count().' ';
    $emp = \app\Models\Emp::find(1);
    echo $emp.' ';
    $emp = \app\Models\Emp::find(13);
    echo $emp.' ';
    try{
        $emp = \app\Models\Emp::findOrFail(13);
        echo $emp.' ';
    }catch(Exception $e){
        //throw new EntityNotFoundException("无法找到主键为13 的实例");/* 页面404
错*/
```

```
        echo "无法找到主键值为13的实例";
    }
}));
```

注：使用以上3种方法都可限定返回字段。若只有id和name字段，代码如下所示：

```
User::all(['id','name']);
User::find(1,['id','name']);
User::findOrFail(1,['id','name']);
```

在Postman工具中测试GET请求http://localhost/hiLaravel/public/emps/search，返回结果，如图7-11所示。

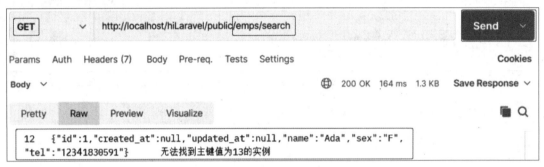

图7-11 all()、find()和findOrFail()方法测试结果

说明：Emp::find(13)代码找不到主键值为13的模型实例，不会引起异常，echo输出为空字符串。但若改为使用findOrFail()方法，则运行会异常，一般需加try catch结构处理。

2. 条件查询：where()、orWhere()、whereIn()和whereNotIn()方法

where()方法，相当于SQL的普通条件查询，链式操作则相当于and（与，同时满足多条件）操作。

orWhere()方法，就是在条件语句的最前面加个or（或，满足一个条件即可）关键字。

where()和orWhere()的使用示例如下。

在routes\web.php文件中加路由，测试where()和orWhere()方法，代码如下：

```
Route::get('/emps/where',function(){
    $emps = \app\Models\Emp::where('id','>',6)->where('sex','F')->get();
    $cntSex = \app\Models\Emp::where('sex','M')->orWhere('sex','F')->count();
    return $emps. $cntSex;
});
```

其中，Emp::where('id','>',6)->where('sex','F')相当于SQL语句：

```
where id>6 and where sex = 'F'
```

而Emp::where('sex','M')->orWhere('sex','F')相当于SQL语句：

```
where sex = 'M' or where sex = 'F'
```

在 Postman 工具中测试 GET 请求 http://localhost/hiLaravel/public/emps/where，返回结果，如图 7-12 所示。

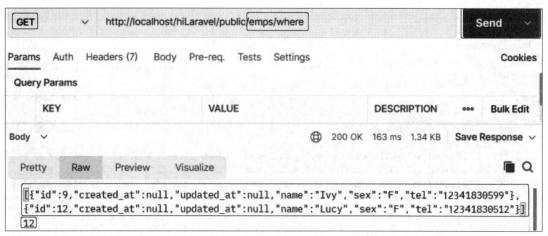

图 7-12　where() 和 orWhere() 方法测试结果

where() 和 orWhere() 相当于 SQL 中的 where 和 or where，所以也有针对模糊查询 like 的用法，如 where('tel','like','137%')。

whereIn() 方法，相当于 SQL 语句中的 where 字段 in(…)。

whereNotIn() 方法，相当于 SQL 语句中的 where 字段 not in(…)。

whereIn() 和 whereNotIn() 的使用示例如下。

在 routes/web.php 文件中加路由，测试 whereIn() 和 whereNotIn() 方法，代码如下：

```
Route::get('/emps/whereIn',function(){
    $emps = \app\Models\Emp::whereIn('id',[1,3,5,7,9,12,14])
        ->whereNotIn('id',[1,5,7])->get();
    return $emps;
});
```

其中，whereIn('id',[1,3,5,7,9,12,14]) -> whereNotIn('id',[1,5,7]) 相当于 SQL 语句：

```
where id in(1,3,5,7,9,12,14) and where id not in(1,5,7)
```

运行结果为返回主键值为 2、9、12 的模型实例。

在 Postman 工具中测试 GET 请求 http://localhost/hiLaravel/public/emps/whereIn，返回结果，如图 7-13 所示。

实际上，Eloquent 模型中还有其他一些"where"方法：

whereNull() 方法，验证字段值是否为 Null，相当于 SQL 语句中的 is null。使用示例：

```
whereNull('name')
```

whereNotNull() 方法，验证字段值是否不为 Null，相当于 SQL 语句中的 is not null。使用示例：

```
whereNotNull('name')
```

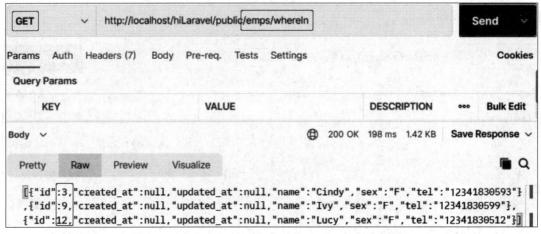

图7-13 whereIn( ) 和 whereNotIn( ) 方法测试结果

whereDate('字段','比较符','年-月-日') 方法，用于比较字段值和日期。使用示例：

```
whereDate('enroll_date,'>=','2020-01-01')
```

whereMonth('字段','比较符','月份') 方法，用于比较字段值和月份。使用示例：

```
whereMonth('mon_at,'=','12')
```

whereDay('字段','比较符','天') 方法，用于比较字段值和月份中的某一天。使用示例：

```
whereDay('day_at','<', '15')
```

whereYear('字段','比较符','年') 方法，用于比较字段值是否为某年。使用示例：

```
whereYear('year_at','<','2023')
```

whereTime('字段','比较符','时间') 方法，用于比较字段值和时间。使用示例：

```
whereTime('updated_at','>','12:00:00')
```

whereColumn('字段1','比较符','字段2') 方法，用于比较两个字段值。使用示例：

```
whereColumn('updated_at','=','created_at')
```

whereBetween('字段','值1','值2') 方法，用于验证列值是否在给定值之间，类似于 SQL 中的 between and 用法。使用示例：

```
whereBetween('age',[ $minAge,$maxAge])
```

注：常见的 "where" 方法都有与之对应的 "orWhere" 方法。如 orWhereNull( )、orWhereNotNull( )、orWhereDate( ) 等。使用示例如下：

```
orWhereDate('enroll_date,'<','2020-01-01')
```

3. 聚合：count( )、max( )、min( )、avg( )、groupBy( )、having( ) 方法

Eloquent 模型有不少用于统计的聚合方法。其中，count( ) 方法获取个数，max( )、

min()、avg() 方法分别获取指定字段中相应最大值、最小值和平均值，groupBy() 方法是对数据的分组，having() 方法是对分组结果进行条件筛选。示例如下。

在 routes\web.php 文件中加路由，测试 groupBy() 和 having() 方法，代码如下：

```
Route::get('/emps/aggregate',function(){
    $sexCnt = \app\Models\Emp::select('sex',DB::raw("count(*) as cnt"))
        ->groupBy('sex')->having('cnt','>',0)->get();
    return $sexCnt;
});
```

此处 groupBy('sex') 和 having('cnt','>',0) 代码的作用是：按照 sex 列值进行分组，再在分组结果中将 cnt 值大于 0 的分组保留下来。

注：select() 用于获取部分字段；DB:raw() 用于输入原始 SQL 语句段。

在 Postman 工具中测试 GET 请求 http://localhost/hiLaravel/public/emps/aggregate，返回结果，如图 7-14 所示。

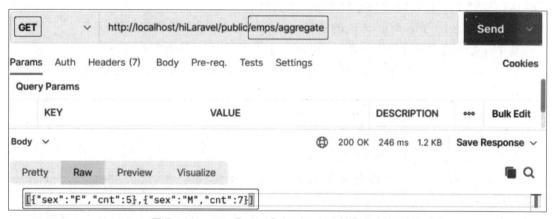

图 7-14　groupBy() 和 having() 方法测试结果

接下来对 count()、max()、min()、avg() 几个方法的使用进行示例说明。

在 routes\web.php 文件中加路由，测试 count()、max()、min() 和 avg() 方法，代码如下：

```
Route::get('/emps/aggregate2',function(){
    $emps = \app\Models\Emp::get();
    $count = $emps->count();
    $max = $emps->max('id');
    $min = $emps->min('id');
    $avg = $emps->avg('id');
    return ['count'=>$count,'max'=>$max,'min'=>$min,'avg'=>$avg,];
});
```

在 Postman 工具中测试 GET 请求 http://localhost/hiLaravel/public/emps/aggregate2，返回结果，如图 7-15 所示。

注意：这里的聚合方法用于返回单值，只能用在链式调用的最后。

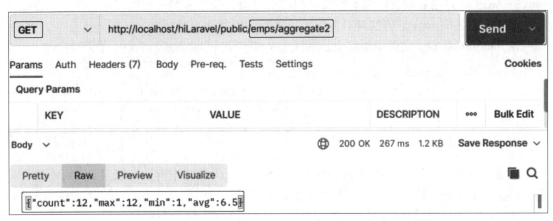

图 7–15　count( )、max( )、min( ) 和 avg( ) 方法测试结果

4. 取区段数据：skip( )、take( ) 或 limit( ) 方法

skip( ) 方法，用于跳过给定数量的模型实例。

take( ) 方法，为 limit( ) 方法的别名，用于取限定数量的模型实例。

通常在分页场合联合使用 skip( ) 和 take( ) 两个方法，举例如下。

在 routes/web.php 文件中加路由，测试 skip( ) 和 take( ) 方法，代码如下：

```
Route::get('/emps/{skip}/{take}',function($skip,$take){
    $emps = \app\Models\Emp::skip($skip)->take($take)->get();
    return $emps;
});
```

注：以上 take( ) 方法可换用 limit( ) 方法，结果不变。但一般习惯上将 skip( ) 和 take( ) 成对使用。

在 Postman 工具中测试 GET 请求 http://localhost/hiLaravel/public/emps/6/2，即跳过 6 个模型实例后，获取 2 个模型实例。返回结果，如图 7–16 所示。

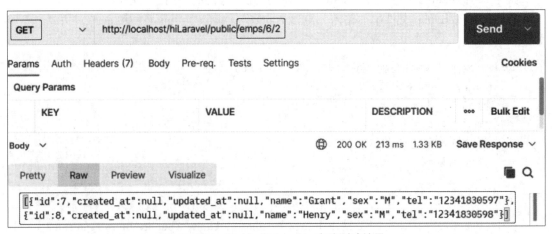

图 7–16　skip( ) 和 take( ) 方法测试结果

5. 其他：first( )、select( )、distinct( ) 方法

first( ) 方法，用于获取第一个模型实例；select( ) 方法，用于查询指定字段；distinct( ) 方法，用于去除重复项。

使用 first( ) 方法获取第一个模型实例，示例如下。

在 routes/web.php 文件中加路由，测试 first( ) 方法，代码如下：

```
Route::get('/emps/fisrt',function(){
    $emps = \app\Models\Emp::where('name','like','%d%');//获得4个模型实例
    $emp = $emps->first();//取集合中第1个模型实例
    return['like%d count' =>$emps->count(),'firstEmp' =>$emp];
});
```

在 Postman 工具中测试 GET 请求 http://localhost/hiLaravel/public/emps/first，返回结果，如图 7-17 所示。

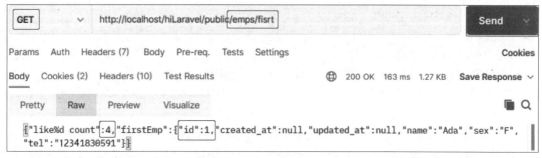

图 7-17　first( ) 方法测试结果

使用 select( ) 方法查询指定字段、使用 distinct( ) 方法去除重复项，示例如下。

在 routes/web.php 文件中加路由，测试 select( ) 方法，代码如下：

```
Route::get('/emps/select/distinct',function(){
    $sexs = \app\Models\Emp::select('sex')->distinct()->get();
    return $sexs;
});
```

以上通过 select('sex') 方法限定获取 sex 字段数据，然后用 distinct( ) 方法去除重复项，结果只有 2 个值：'F' 和 'M'。

注：查询时，通常用 select( ) 方法指定多个字段，如 select('name','sex')。

在 Postman 工具中测试 GET 请求 http://localhost/hiLaravel/public/emps/select/distinct，返回结果，如图 7-18 所示。

7.5.3　Eloquent 模型的增、删、改操作

Eloquent 模型的增、删、改操作相对简单，没有查询那么多灵活多变的方法。

1. 增加：create( )、save( )、insert( ) 方法

create( ) 方法，用于新建实例数据，返回模型实例。
save( ) 方法，用于实例的新建或更新，返回布尔值。

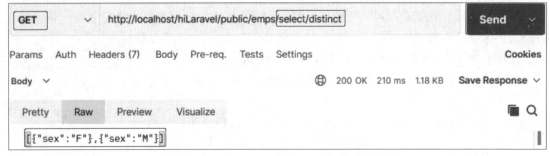

图7-18 select( )、distinct( ) 方法测试结果

insert( ) 方法，用于批量增加实例数据，返回布尔值。

注意：在使用增加功能前，应先在模型类中设置白名单或黑名单。如在\App\Models\Emp 类中设置 $fillable=['name','sex','tel'] 或 $guarded=[ ]。如下所示：

```
class Emp extends Model
{
    use HasFactory;
    //protected $fillable=['name','sex','tel'];
    protected $guarded=[];
}
```

为安全起见，Laravel 中的模型可提供 Fillable 和 Guarded 机制来解决数据注入问题。fillable 类似于白名单机制，如 $fillable=['name','sex','tel'] 代表3个模型字段可做插入表操作；guarded 类似于黑名单机制，如 $guarded=[ ] 代表无字段列入黑名单，所有字段值都插入表中。Fillable 和 Guarded 两者互斥，写一个即可，若有冲突，则优先处理 Fillable。

create( )、save( )、insert( ) 三个方法的使用示例如下所示。

在 routes\web.php 文件中加路由，测试 create( )、save( ) 和 insert( ) 方法，代码如下：

```
Route::get('/emps/add',function(){;
    $newAda = \app\Models\Emp::create(//新建,单个实体操作,返回模型实例
        ['name'=>'阿黛','sex'=>'F','tel'=>null]);
    $empBob = new \app\Models\Emp();
    $empBob->name='鲍勃';$empBob->sex='M';$empBob->tel=null;
    $newBob = $empBob->save();//新建或更新,返回布尔值

    $ret = \app\Models\Emp::insert(//新建,可批量操作,返回布尔值
        ['name'=>'辛迪','sex'=>'F','tel'=>'12341939629'],
        ['name'=>'丹尼','sex'=>'M','tel'=>'12341939630']
    );

    return[$newAda,$newBob,$ret];
});
```

以上分别用 create( )、save( )、insert( ) 方法进行模型数据的添加。

在 Postman 工具中测试 GET 请求 http://localhost/hiLaravel/public/emps/add，返回结果，如图 7-19 所示。

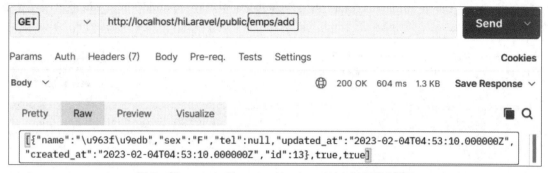

图 7-19　create()、save()、insert() 方法测试结果

注：建议使用 create()、save() 方法，会在相应数据表中自动产生 create_at 和 update_at 数值。

打开 Chrome 浏览器，进入 phpMyAdmin 工具操作界面，可观察到模型数据已被插入数据表中，如图 7-20 所示。

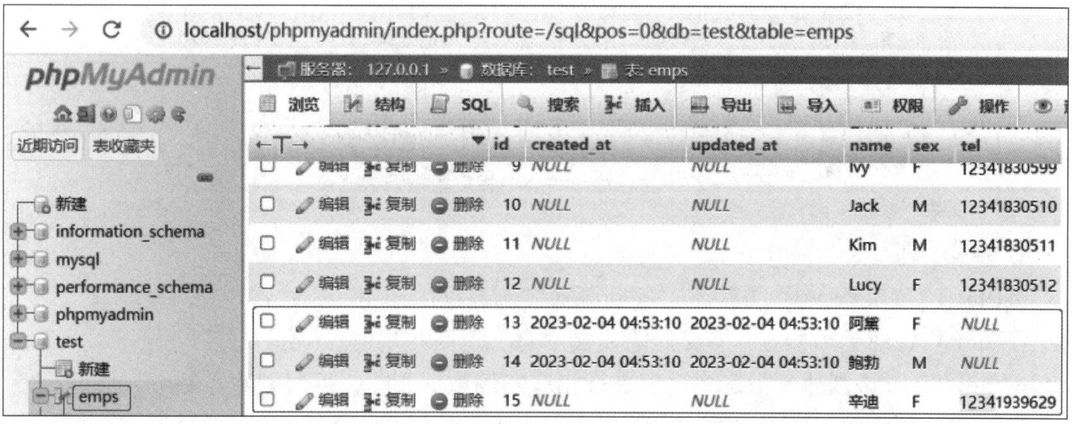

图 7-20　执行 create()、save()、insert() 方法后模型数据被插入数据表中

2. 修改：update()、save() 方法

update() 和 save() 方法都可起到修改实例数据的作用。update() 方法返回值为更新记录数；save() 方法则返回修改后的实例，使用示例如下。

在 routes\web.php 文件中加路由，测试 update() 和 save() 方法，代码如下：

```
Route::get('/emps/edit',function(){
    $ret1 = \app\Models\Emp::where('id',1)
        ->update(['tel'=>'12340000001']);//修改,返回值为更新记录数
    $emp2 = \app\Models\Emp::find(2);
    $emp2->tel = '12340000002';
    $ret2 = $emp2->save();//保存实例修改,返回实例
```

```
        return[ $ret1, $emp2];
});
```

在 Postman 工具中测试 GET 请求 http://localhost/hiLaravel/public/emps/edit，返回结果，如图 7-21 所示。

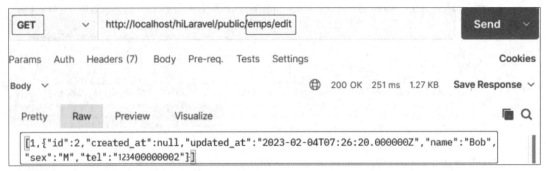

图 7-21　update()、save() 方法测试结果

打开 Chrome 浏览器，进入 phpMyAdmin 工具操作界面，可观察到数据表 emps 中相应数据已被修改，如图 7-22 所示。

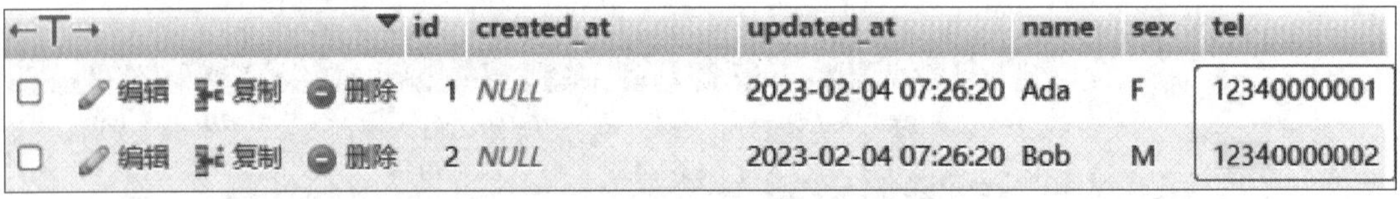

图 7-22　数据表 emps 中相应数据已被修改

3. 删除：delete()、destroy() 方法

delete() 和 destroy() 方法都可起到删除实例数据的作用。

delete() 方法无须参数，直接删除实例本身，返回布尔值。

destroy() 方法则通过指定主键值进行相应实例数据删除，返回删除实例个数值。

delete()、destroy() 方法使用示例如下。

假设 emps 表中原有 id 值为 13~16 的数据如图 7-23 所示。

在 routes\web.php 文件中加路由，测试 delete() 和 destroy() 方法。代码如下：

```
Route::get('/emps/delete',function(){
    $emp = \app\Models\Emp::find(13);
    $ret1 = $emp->delete();    //返回布尔值

    $ret2 = \app\Models\Emp::destroy(14);//输入主键,返回删除实例个数
    $ret3 = \app\Models\Emp::destroy(15,16);//输入多个主键,返回删除实例个数
    return[ $ret1, $ret2, $ret3];
});
```

在 Postman 工具中测试 GET 请求 http://localhost/hiLaravel/public/emps/delete，返回结果，如图 7-24 所示。

第 7 章　Eloquent 模型实践

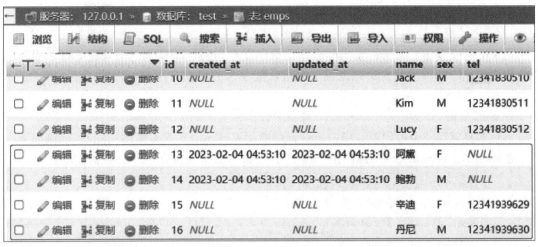

图 7-23　emps 表中原有数据

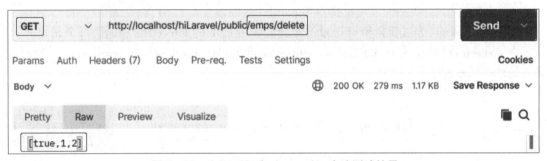

图 7-24　delete() 和 destroy() 方法测试结果

打开 Chrome 浏览器，进入 phpMyAdmin 工具操作界面，可观察到数据表 emps 中相应数据已被删除，如图 7-25 所示。

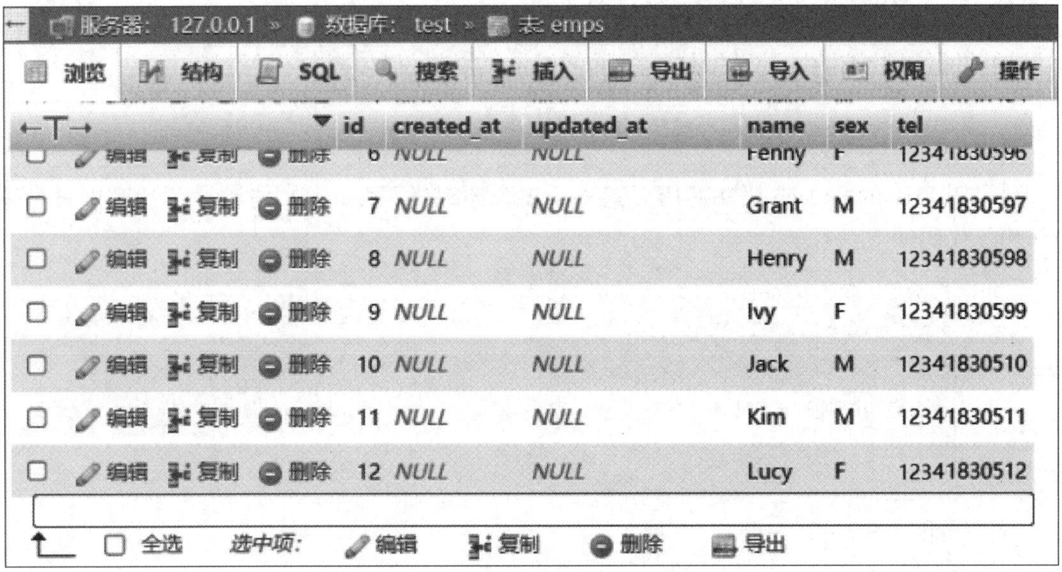

图 7-25　数据表 emps 中相应数据已被删除

7.5.4 集合操作

用 all() 或 get() 方法检索出的多条记录存放于 Illuminate\Database\Eloquent\Collection 集合实例中。Collection 集合类则提供了大量功能强大的辅助方法,可以便捷地对集合进行过滤、修改等操作。

1. 遍历集合

集合本身就是一个迭代器,可遍历集合中的元素(每个元素为模型实例)。示例如下。

在 routes\web.php 文件中加路由,用 PHP 的 foreach 语法遍历元素。代码如下:

```
Route::get('/emps/name',function(){
    $emps = \app\Models\Emp::all();
    foreach($emps as $emp){
        echo $emp->name.'/';
    }
});
```

代码中用 all() 方法获得所有记录的集合后,用 PHP 的 foreach 语法遍历每个元素。

在 Postman 工具中测试 GET 请求 http://localhost/hiLaravel/public/emps/name,返回结果,如图 7-26 所示。

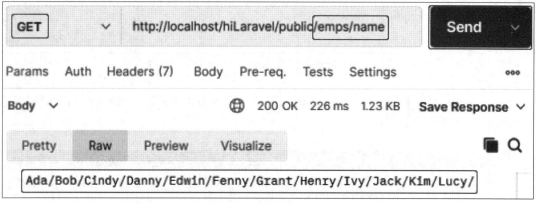

图 7-26 all() 方法测试结果

除了用 PHP 的 foreach 语法遍历元素外,集合还提供了 each() 方法,可达到同样的遍历作用。代码如下:

```
Route::get('/emps/name',function(){
    $emps = \app\Models\Emp::all();
    $emps->each(function($emp,$key){
        echo $emp->name.'/';
    });
});
```

测试结果与图 7-26 一致。

2. reject() 和 filter() 方法

reject() 方法的作用：接收一个匿名方法，将满足条件的记录从集合中去除。

filter() 方法的作用：与 reject() 方法相反，接收一个匿名方法，将满足条件的记录从集合中取出。

此处以使用 reject() 方法为例。

在 routes\web.php 文件中加路由，测试 reject() 方法，代码如下：

```
Route::get('/emps/even,function(){
    $emps = \app\Models\Emp::all();
    $evens = $emps -> reject(function($emp){
        return $emp -> id%2 = =1;
    });
    foreach($evens as $emp){
        echo $emp -> id. ')'. $emp ->name. ' ';
    }
});
```

reject() 方法参数为一个匿名方法，该匿名方法用于遍历集合元素。匿名方法参数代表着集合中的元素，return 后的表达式将满足条件的元素从集合中剔除。以上代码作用是：将 id 值为奇数的元素从集合中去除，最后返回 id 值为偶数的元素集合。

在 Postman 工具中测试 GET 请求 http://localhost/hiLaravel/public/emps/even，返回结果，如图 7 – 27 所示。

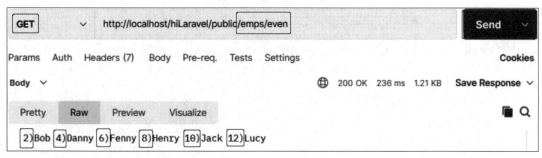

图 7 – 27 reject() 方法测试结果

3. map() 方法

map() 方法会逐一对集合中的元素（模型实例）进行处理，然后将处理后的元素以集合方式返回。

在 routes\web.php 文件中加路由，测试 map() 方法，代码如下：

```
Route::get('/emps/map',function(){
    $emps = \app\Models\Emp::all();
    $newEmps = $emps ->map(function($emp,$key){// $key 为下标 0、1、2、…
        $emp -> name = $emp -> name. ($emp -> sex = = 'M'? '先生':'女士');
        return $emp;
    }) ->take(3);
```

```
    foreach($newEmps as $emp){
        echo $emp->name.' ';
    }
});
```

这里 map() 方法对每个元素 $emp 的 name 属性值进行了修改（按 sex 属性值追加"先生"或"女生"信息）。改值后的元素集合被返回到 $newEmps，接着用 take() 方法获取了 $newEmps 中前 3 条记录。

在 Postman 工具中测试 GET 请求 http://localhost/hiLaravel/public/emps/map，返回结果，如图 7-28 所示。

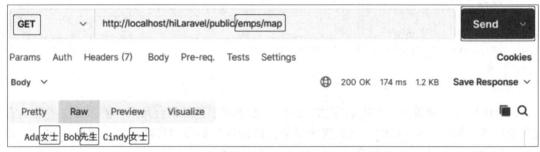

图 7-28 map() 方法测试结果

4. find() 方法

find() 方法通过主键查找集合中对应的元素（模型实例）。

在 routes\web.php 文件中加路由，测试 find() 方法，代码如下：

```
Route::get('/emps/find',function(){
    $emps = \app\Models\Emp::all();

    $emp = $emps->find(1);
    echo $emp;
    $emps12 = $emps->find([1,2]);
    echo $emps12;
});
```

find() 方法的参数可用单值或数组。以上代码中，find(1) 代码用于寻找集合中主键值为 1 的元素（模型实例）；find([1,2]) 代码则用于寻找主键值为 1 或 2 的元素。

在 Postman 工具中测试 GET 请求 http://localhost/hiLaravel/public/emps/find，返回结果，如图 7-29 所示。

5. contains() 方法

contains() 方法用于判断集合中是否包含指定元素（模型实例），返回为布尔值。

在 routes\web.php 文件中加路由，测试 contains() 方法，代码如下：

```
Route::get('/emps/contains',function(){
    $emps = \app\Models\Emp::all();
```

第 7 章　Eloquent 模型实践

图 7-29　find() 方法测试结果

```
        $contained = $emps->contains(13);
        echo $contained==true?'集合中包含主键为13的元素':'集合中不存在主键为13的元素;';

        $emp = $emps->find(1);
        $contained = $emps->contains($emp);
        echo $contained==true?'集合中包含要找的元素':'集合中不包含要找的元素。';
    });
```

contains() 方法的参数可以是主键值或模型实例。以上 contains(13) 代码判断集合中主键值为 13 的元素（模型实例）是否存在；contains($emp) 代码判断集合中模型实例 $emp 是否存在。

在 Postman 工具中测试 GET 请求 http://localhost/hiLaravel/public/emps/contains，返回结果，如图 7-30 所示。

图 7-30　contains() 方法测试结果

6. diff() 方法

diff() 方法用于返回不在集合中的所有元素（模型实例）集合。

在 routes\web.php 文件中加路由，测试 diff() 方法，代码如下：

```
Route::get('/emps/diff',function(){
    $emps = \app\Models\Emp::all();
    $empPart = $emps->whereIn('id',[2,3,4,5,6,7,8,9,10,12]);
    echo    $emps->diff($empPart);
});
```

此处使用 whereIn( ) 方法，类似于 SQL 语句 where id in(2,3,4,5,6,7,8,9,10,12) 的作用：取出 10 个元素后，形成了新集合 $empPart。$emps -> diff($empPart) 代码剔除了 $emps 部分后的结果，得到的是 id 为 1 和 11 的两个元素的集合。

在 Postman 中测试 GET 请求 http://localhost/hiLaravel/public/emps/diff，返回结果，如图 7 – 31 所示。

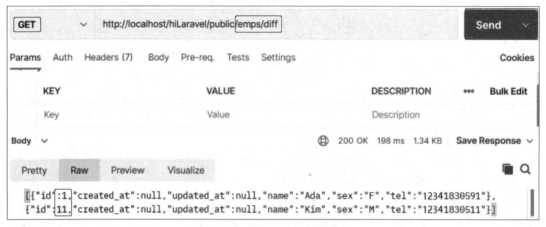

图 7 – 31 diff( ) 方法测试结果

7. 统计方法：count( )、max( )、min( )、avg( ) 方法

count( ) 方法获取元素个数，max( )、min( )、avg( ) 方法分别获取指定字段中相应最大值、最小值和平均值。具体用法可参考 7.5.2 节，此处不再赘述。

8. modelKeys( ) 方法

modelKeys( ) 方法用于返回集合中所有元素（模型实例）的主键集合。

在 routes\web.php 文件中加路由，测试 modelKeys( ) 方法，代码如下：

```
Route::get('/emps/keys',function(){
    $emps = \app\Models\Emp::all();
    $empsPart = $emps->where('id','>=',3)->where('id','<=',6);
    $aryKeys = $empsPart->modelKeys();
    $empsPart2 = $emps->whereIn('id',$aryKeys);
    echo $empsPart2;
});
```

以上代码中，用 where('id','>=',3)->where('id','<=',6) 语句将集合 $emps 中的元素限定到主键值为 3~6 的 4 个元素，并将元素存入集合 $empsPart 中。$empsPart -> modelKeys( ) 代码则从集合 $empsPart 中取出元素的主键值，返回为数组。$emps -> whereIn('id',$aryKeys) 的功能则类似于 SQL 语句 where id in(…)，因此，从集合 $emps 中又取

出主键值为 3~6 的 4 个元素。

在 Postman 工具中测试 GET 请求 http://localhost/hiLaravel/public/emps/keys，返回结果，如图 7-32 所示。

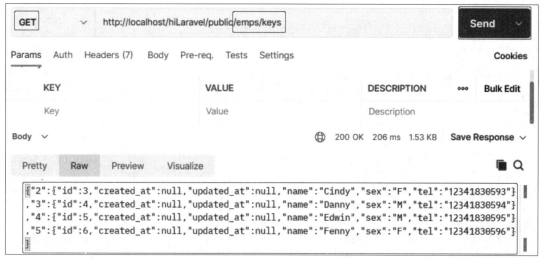

图 7-32 modelKeys() 方法测试结果

7.5.5 原生态 SQL 操作

除了使用 Eloquent 模型方式对数据进行处理外，Laravel 框架中也可使用原生态 SQL 语句来处理数据。即在配置数据库连接后，使用 DB facade 的 DB 类快速实现对数据库的各类 SQL 语句原生态操作。

1. 查询：DB::select() 方法

DB::select() 方法用于运行 SQL 预处理查询语句，可防止 SQL 注入攻击。其中，第 1 个参数为原生态 SQL，第 2 个参数是 SQL 的绑定参数（替代问号 "?" 对应值）；返回为数组，数组中的元素都为 PHP 的 stdClass 对象（注：stdClass 是 PHP 的类原型，用于将其他类型转换为简单对象）。

DB::select() 方法使用示例如下。

在 routes\web.php 文件中加路由，测试 DB::select() 方法，代码如下：

```
Route::get('/emps/db/select',function(){
    $ret = Illuminate\Support\Facades\DB::select(/* 返回数组,元素为 PHP 的 stdClass 对象 */
        'select* from emps where sex = ? and id > ? ',['F',6]);
    return $ret;
});
```

在 Postman 工具中测试 GET 请求 http://localhost/hiLaravel/public/emps/db/select，返回结果，如图 7-33 所示。

注：除了使用问号 "?" 作为绑定参数符号外，还可以用命名绑定方式。以上写法可改为：

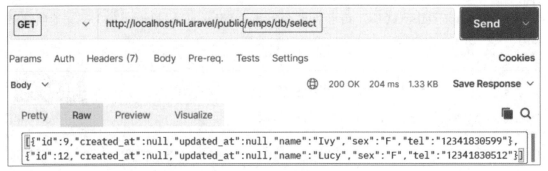

图7-33 DB::select() 方法测试结果

```
$ret=Illuminate\Support\Facades\DB::select(  /*返回数组,数组元素为PHP的std-
Class对象*/
    'select* from emps where sex=:sex and id>:id',
    ['sex'=>'F','id'=>6]);
```

当然，DB::select() 方法输入为原生态 SQL 语句，因此，只要查询 SQL 语法正确，各种复杂查询，如多表查询、嵌套查询等都是允许的。以下为嵌套查询语句使用示例：

```
$ret=Illuminate\Support\Facades\DB::select(
    "select name,sex from emps where sex=(select sex from emps where name='ada
')");
```

2. 添加：DB::insert() 方法

DB::insert() 方法用于执行 SQL 原生态 Insert 语句。其中，第1个参数为原生态 SQL，第2个参数是 SQL 的绑定参数；返回为数据行添加的数值。

在 routes\web.php 文件中加路由，测试 DB::insert() 方法，代码如下：

```
Route::get('/emps/db/insert',function(){
    $ret=\Illuminate\Support\Facades\DB::insert(
        "insert into emps(name,sex,tel)values(?,?,?)",['艾达','F',null]
    );
    return $ret;
});
```

在 Postman 工具中测试 GET 请求 http://localhost/hiLaravel/public/emps/db/insert，返回结果，如图7-34所示。

3. 修改：DB::update() 方法

DB::update() 方法用于执行原生态 SQL 的 Update 语句。其中，第1个参数为原生态 SQL，第2个参数是 SQL 的绑定参数；返回为数据行修改的数值。

DB::update() 方法使用示例如下。

在 routes\web.php 文件中加路由，测试 DB::update() 方法，代码如下：

```
Route::get('/emps/db/update',function(){
```

第 7 章　Eloquent 模型实践

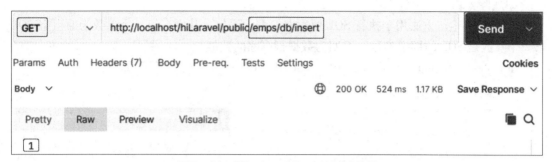

图 7 - 34　DB::insert() 方法测试结果

```
    $ret = \Illuminate\Support\Facades\DB::update(
        "update emps set sex = ?,tel = ? where name = ?",['M','13641939631','艾达']
    );
    return $ret;
});
```

在 Postman 工具中测试 GET 请求 http://localhost/hiLaravel/public/emps/db/update，返回结果，如图 7 - 35 所示。

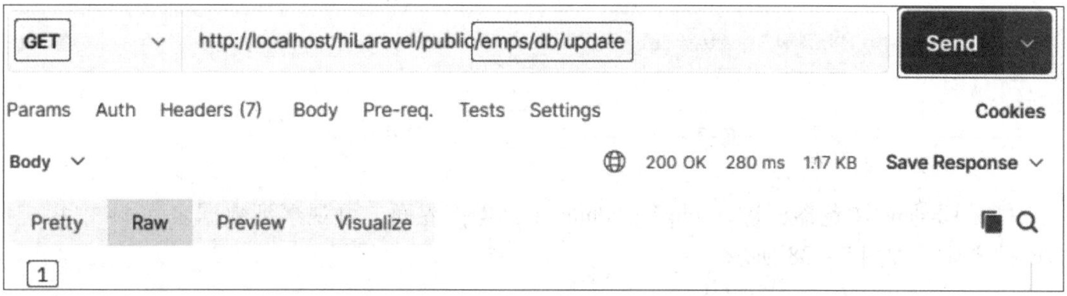

图 7 - 35　DB::update() 方法测试结果

打开 Chrome 浏览器，进入 phpMyAdmin 工具操作界面，可观察到数据表 emps 中相应数据已被修改，如图 7 - 36 所示。

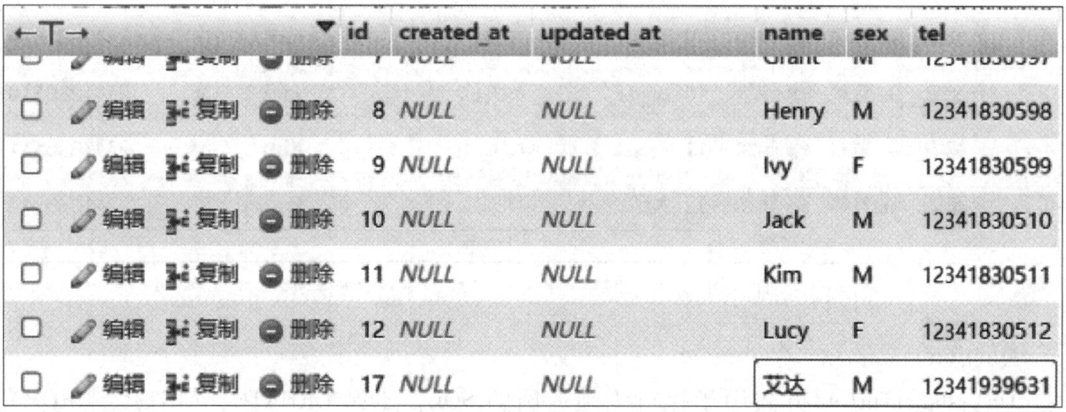

图 7 - 36　数据表 emps 中相应数据已被修改

4. 删除：DB::delete() 方法

DB::delete() 方法用于执行 SQL 原生态 Delete 语句。其中，第 1 个参数为原生态 SQL，第 2 个参数是 SQL 的绑定参数；返回为数据行删除的数值。

在 routes\web.php 文件中加路由，测试 DB::delete() 方法，代码如下：

```
Route::get('/emps/db/delete',function(){
    $ret = \Illuminate\Support\Facades\DB::update(
        "delete from emps where name = ?",['艾达']
    );
    return $ret;
});
```

在 Postman 工具中测试 GET 请求 http://localhost/hiLaravel/public/emps/db/delete，返回结果，如图 7-37 所示。

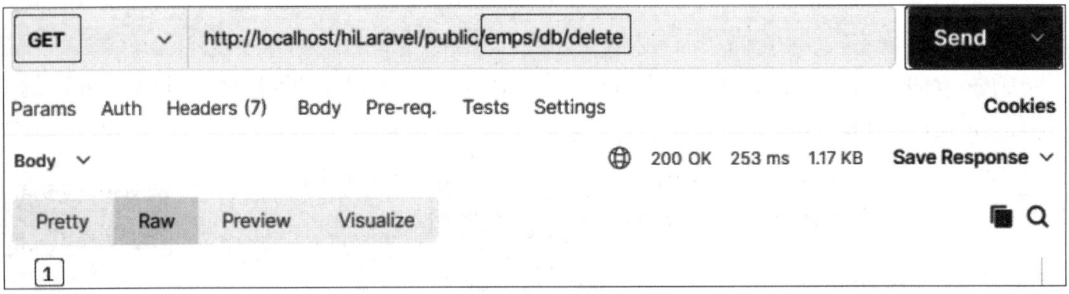

图 7-37 DB::delete() 方法测试结果

打开 Chrome 浏览器，进入 phpMyAdmin 工具操作界面，可观察到数据表 emps 中相应数据已被删除，如图 7-38 所示。

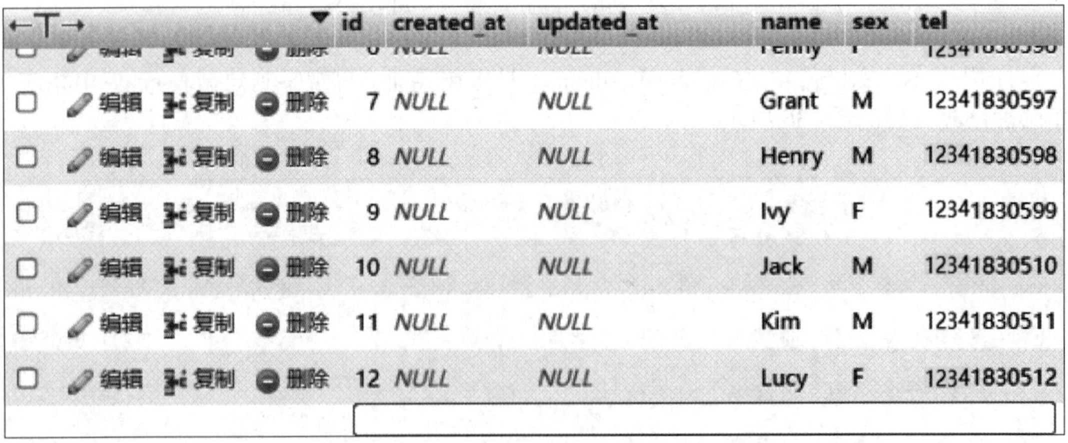

图 7-38 数据表 emps 中相应数据已被删除

5. DB::statement() 方法

DB::statement() 方法用于执行无须返回的 SQL，比如 CREATE、ALTER、DROP 等

DDL（Data Definition Language，数据定义语言）语句。

在 routes\web.php 文件中加路由，测试 DB::statement() 方法，代码如下：

```
Route::get('/emps/db/statement',function(){
    $ret = \Illuminate\Support\Facades\DB::statement(
        'create table types(id int primary key,name varchar(20))'
    );
    return $ret;//实际情况:若DB::statement()方法正常执行,返回true,否则抛出异常。
});
```

打开 Chrome 浏览器，进入 phpMyAdmin 工具操作界面，可观察到数据库 test 中增加了一个数据表 types，如图 7-39 所示。

图 7-39　数据库 test 中新增了数据表 types

6. DB::transaction() 方法

DB::transaction() 方法用于对一组（增、删、改）操作执行事务管理。当事务中有操作出现异常时，事务会自动进行回滚操作，若内部操作执行都成功，则事务会自动提交。

在 routes\web.php 文件中加路由，实现功能：找到主键值为 1 和 2 的员工，将他们的电话号码进行交换。代码如下：

```
Route::get('/emps/db/trans',function(){
    \Illuminate\Support\Facades\DB::transaction(function(){
        $tel1 = \app\Models\Emp::find(1)->tel;
        $tel2 = \app\Models\Emp::find(2)->tel;
        \Illuminate\Support\Facades\DB::update(
            'update emps set tel = ? where id = 2',[$tel1]
        );
        \Illuminate\Support\Facades\DB::update(
            'update emps set tel = ? where id = 1',[$tel2]
        );
    });
});
```

注：DB::transaction() 方法的参数为匿名方法，用于处理事务闭包中的事务操作。以上代码中有 2 个 DB::update() 方法，只有当 2 个方法都能进行正常处理时，才会提交事务，否则会做回滚事务操作。

打开 Chrome 浏览器，进入 phpMyAdmin 工具操作界面，可观察到数据库中 2 个数据行的 tel 字段值已做交换，如图 7-40 所示。

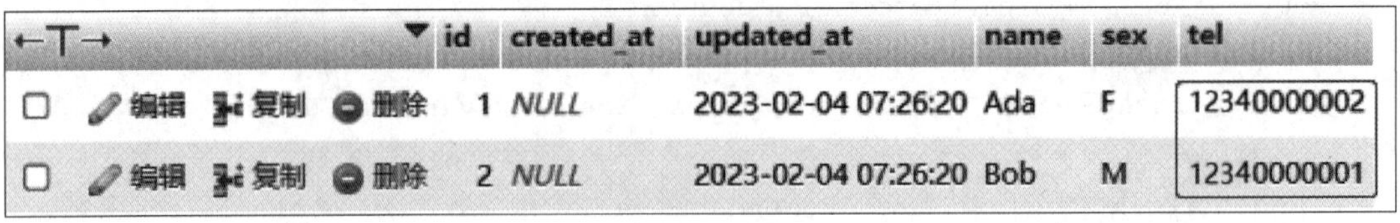

←T→				id	created_at	updated_at	name	sex	tel
□	✎编辑	┐┤复制	⊖删除	1	NULL	2023-02-04 07:26:20	Ada	F	12340000002
□	✎编辑	┐┤复制	⊖删除	2	NULL	2023-02-04 07:26:20	Bob	M	12340000001

图 7-40　数据库中 2 个数据行的 tel 字段值进行了交换

实践巩固

（1）通过 PHP 命令 artisan make:controller 创建模型 Book。
（2）在模型 Book 中做如下设置。
加属性 name：产品名称，string 类型。
加属性 type：类别，string 类型。
加属性 price：单价，float 类型。
加属性 isbn：书号，主键，string 类型，属性可为 Null 值，默认值为"略"。
去除时间戳 created_at 和 updated_at。
（3）对模型 Book 进行增、删、改操作。
①在模型类中设置黑名单，对所有字段放行。
②使用 create()、save() 和 insert() 方法分别添加 1 个、1 个和 2 个模型实例。具体实例数据如下：

```
("程序设计员(Java)","T001",62,"978-7-5167-2344-9"),
("手把手学C语言","T001",79,"978-7-111-55307-6"),
("Spring Boot 组件开发","T002",69,"978-7-302-58977-8"),
("C#程序设计","T003",59,"978-7-302-60904-9"),
("Spring Cloud 与 K8S","T001",89,"978-7-302-61949-9"),
```

③使用 update() 和 save() 方法分别修改：主键值为"978-7-5167-2344-9"的实例的 price 值为 60；主键值为"978-7-111-55307-6"的实例的 price 值为 70。
④使用 delete() 和 destroy() 方法分别删除：主键值为"978-7-5167-2344-9"的实例；主键值为"978-7-111-55307-6"的实例。
（4）对模型 Book 进行查询操作。
①用 all() 方法返回模型的所有实例，然后用 map() 方法逐一将实例的 price 值进行 8 折处理，再用 reject() 方法剔除 price 值大于 60 的实例，最后用 each() 方法遍历实例，显示 name 和 price 字段值。
②用 find() 方法返回主键值为"978-7-302-58977-8"的模型实例；用 whereIn() 方法返回主键值为"978-7-302-58977-8"或"978-7-302-60904-9"的模型实例。
③用 count()、max()、min() 和 avg() 方法实现：获得模型实例的个数，以及 price 的最大值、最小值和平均值。
④用 first() 方法获取第一个模型实例。

⑤使用 select( ) 和 distinct( ) 方法实现：获取所有可能类别。即，先获取所有实例的 Type 值，然后去除 Type 值的重复项。

⑥使用 skip( ) 和 take( ) 方法实现：跳过第 1 个模型实例后，获取后面的 2 个模型实例。

第 8 章
模型关系实践

前面所述都是针对单个 Eloquent 模型的操作,而现实项目中数据表之间是关联的,模型间也是有关联的。Eloquent 模型支持了模型间的多种关系,如一对一、一对多、多对多等。

虽然可用 DB::select( ) 方法直接调用原始 SQL 达到关联查询效果,但相较而言,Eloquent 模型方式在编写效率、可读性和可维护性上是质的飞跃,一般建议优先使用。以下就项目中常用的模型关系做相应实践学习。

学习目标

序号	基本要求	类别
1	理解一对一关联模型、一对多关联模型和多对多关联模型	知识
2	能配置一对一关联模型,并能通过 Laravel 模型 API 进行关联操作:关联访问、关联关系的修改、预加载关联数据	技能
3	能配置一对多关联模型,并能通过 Laravel 模型 API 进行关联操作:关联访问、关联关系的修改、预加载关联数据	技能
4	能配置多对多关联模型,并能通过 Laravel 模型 API 进行关联操作:关联访问、关联关系的修改、预加载关联数据	技能

8.1 项目环境配置

实践模型关系前,需先配置好相应项目环境。

1. 创建项目

在 C:\xampp\htdocs 目录下,用以下命令创建项目 relation_app:

```
composer create-project --prefer-dist laravel/laravel relation_app
```

接着用 PhpStorm 工具打开 relation_app 项目,做后续操作。

2. 配置数据库连接参数

打开项目目录下 .env 文件,找到以 DB_ 为首的相关参数,做如下设置:

第 8 章 模型关系实践

```
DB_CONNECTION=mysql
DB_HOST=localhost
DB_PORT=3306
DB_DATABASE=relationapp
DB_USERNAME=root
DB_PASSWORD=
```

以上参数具体作用参考 7.4.4 章节，此处不再累述。

3. 启动 Apache 和 MySQL 服务

在 XAMPP 控制面板中启动 Apache 和 MySQL 服务。

4. 创建 relationapp 数据库

打开 Chrome 浏览器，访问 http://localhost/phpMyAdmin 请求页，在 phpMyAdmin 工具页创建数据库 relationapp。

8.2 一对一

一对一是最简单的关联关系，一般用于基础信息和扩展信息之间的关系，在数据库中表现为基础表和扩展表的关系。常见一对一关系有：居民和身份证、产品和产品详情等。

在 Laravel 项目中 User 模型已经默认存在，其字段有 id、name、email、password、email_verified_at、remember_token、created_at、updated_at。倘若还需要用户的 address（地址）、tel（电话号码）等联系信息，则可以另加一个 UserContact 模型，并在数据库中加相应扩展表 user_contacts。User 模型和 UserContact 模型之间可建立一对一关联，具体操作如下所示。

8.2.1 准备环境

1. 创建 UserContact 模型、迁移文件

用 php 的 artisan make:model 命令创建 UserContact 模型，同时创建数据迁移文件，如下所示：

```
PS C:\xampp\htdocs\relation_app>php artisan make:model UserContact -m
```

2. UserContact 迁移文件加上 users 表的关联字段及扩展字段

打开 database\migrations\2023_02_06_124648_create_user_contacts_table.php 迁移文件，编写迁移方法 up()，如下所示：

```
public function up(){
    Schema::create('user_contacts',function(Blueprint $table){
        $table->id();
        $table->timestamps();
        $table->string('address')->nullable();
        $table->string('tel')->nullable();
        $table->integer('user_id')->default(0)->unique();/* 参考 users.id 主键*/
```

```
    });
}
```

其中,address 和 tel 字段是扩展字段,代表联系地址和联系电话号码。而 user_id 字段,引用了 users 表主键 id,用于建立与 users 表的关联关系。

3. 数据库迁移

在数据库中创建包括 user_contacts 在内的数据表,运行如下迁移命令:

```
PS C:\xampp\htdocs\relation_app >php artisan migrate
```

数据库 relationapp 中创建了 6 个数据表,其中与一对一关联模型实验相关的表为 users 和 user_contacts,如图 8 – 1 所示。

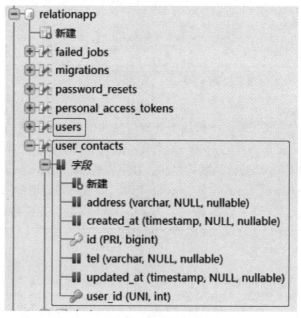

图 8 – 1　通过迁移命令创建数据表

8.2.2　配置一对一关联模型

在模型类 User 和 UserContact 之间建立关联,即建立 users 表和 user_contacts 表之间的关联。

1. 正向关联

在 User 模型类中通过 hasOne() 方法定义其与 UserContact 的一对一关联。打开文件 App\Models\User.php,编写关联方法 contact(),如下所示:

```
1. class User extends Authenticatable
2. {
3.     ......
4.     public function contact()  {
5.         return $this ->hasOne(UserContact::class);
```

```
6.     }
7. }
```

注：hasOne( ) 方法的完整签名是：

```
public function hasOne($related,$foreignKey=null,$localKey=null)
```

对于 hasOne( ) 参数，Eloquent 有默认的约定：仅指定第 1 个参数"关联模型类"时，第 2 个参数为"外键"（对应表的外键名），第 3 个参数为"本地主键"（对应表的主键名）。如上第 5 行 hasOne( ) 仅指定了第 1 个参数 UserContact::class，则会用"模型名 + 下划线 + 主键名"作为第 2 个参数（即 user_id），用"模型类的主键名"作为第 3 个参数（即 id）。所以第 5 行相当于如下代码：

```
return $this->hasOne(UserContact::class,'user_id','id');
```

2. 反向关联

在 UserContact 模型类中通过 belongsTo( ) 方法定义其与 User 的反向一对一关联，即可反查所属的 User 模型实例。打开文件\App\Models\UserContact.php，编写关联方法 user( )，在该方法中设置 belongsTo( ) 方法参数，如下所示：

```
class UserContact extends Model{
   ……
      public function user(){
         return $this->belongsTo('App\Models\User');
      }
}
```

belongsTo( ) 方法完整签名如下：

```
public function belongsTo($related,$foreignKey=null,$ownerKey=null,$relation=null)
```

其中，第 1 个参数为关联模型类名称；第 2 个参数是当前模型类对应表的外键，默认拼接规则类似 hasOne( ) 的第 2 个参数；第 3 个参数是关联模型类对应表的主键名；第 4 个参数是关联关系的动态属性名，不设置时默认为方法名。同样，可以按照 Eloquent 默认的约定，只定义第 1 个参数值。

注：应该按照需求，添加正向和反向查询所需的关系，并非两者都需加上。

8.2.3 一对一模型 API 实践

1. 配置测试数据

执行以下命令，进入 Tinker 环境：

```
PS C:\xampp\htdocs\relation_app>php artisan tinker
```

注：Tinker 是个交互式的编程环境，可通过命令实现与 Laravel 应用的交互。在开发 Laravel 应用中，通常用于快速实施增、删、改、查操作。

（1）创建 User 数据。

在 Tinker 环境中，执行如下代码，添加 2 个 User 实例：

```
    App\Models\User::create(['name'=>'Ada','email'=>'ada@example.org','password'=>bcrypt('ada@example')])
    App\Models\User::create(['name'=>'Bob','email'=>'bob@example.org','password'=>bcrypt('bob@example')])
```

执行结果如图 8-2 所示。

```
> App\Models\User::create(['name'=> 'Ada', 'email'=>'ada@example.org','password'=>bcrypt('ada@example')])
= App\Models\User {#3680
    name: "Ada",
    email: "ada@example.org",
    #password: "$2y$10$MEhTxhJUA8RIUqPDROT4j.qksJcJg2mpUXHGAykwC88TZhjKtDicC",
    updated_at: "2023-02-06 13:30:44",
    created_at: "2023-02-06 13:30:44",
    id: 1,
  }

> App\Models\User::create(['name'=> 'Bob', 'email'=>'bob@example.org','password'=>bcrypt('bob@example')])
= App\Models\User {#3671
    name: "Bob",
    email: "bob@example.org",
    #password: "$2y$10$3sq78d09XNIOW0SXNqNkL.DgxxyB96avcU1NUp2DTwhNYNktM9n6K",
    updated_at: "2023-02-06 13:30:44",
    created_at: "2023-02-06 13:30:44",
    id: 2,
  }
```

图 8-2 在 Tinker 环境中添加 2 个 User 实例

打开 Chrome 浏览器，访问 http://localhost/phpMyAdmin 请求页。在 phpMyAdmin 工具页上查看数据表 users，发现新增了相应 2 条记录，如图 8-3 所示。

id	name	email	email_verified_at	password	remember_token	created_at	updated_at
1	Ada	ada@example.org	NULL	$2y$10$MEhTxhJUA8RIUqPDROT4j.qksJcJg2mpUXHGAykwC88...	NULL	2023-02-06 13:30:44	2023-02-06 13:30:44
2	Bob	bob@example.org	NULL	$2y$10$3sq78d09XNIOW0SXNqNkL.DgxxyB96avcU1NUp2DTwh...	NULL	2023-02-06 13:30:44	2023-02-06 13:30:44

图 8-3 数据表 users 新增了 2 条记录

（2）创建 UserContact 数据。

为了能添加 address 和 tel 字段数据，先在 UserContact 模型类中用白名单变量 $fillable 或黑名单变量 $guarded 允许 address 和 tel 字段可被批量赋值。如下使用了黑名单方式：

```
class UserContact extends Model
{
    use HasFactory;
    protected $guarded=[];
}
```

接着，重新打开 Tinker 环境（注意，Tinker 不会自动读取修改内容，因此需重新打开），执行如下代码：

```
App\Models\UserContact::create(['address'=>'113 Qingxia St,Shanghai',
```

```
'tel'=>'13701830591','user_id'=>1])
App\Models\UserContact::create(['address' => ' 226 Zhongguancun South St,Bei-jing',
'tel'=>'13641939622','user_id'=>2])
```

执行结果，如图 8-4 所示。

```
> App\Models\UserContact::create(['address'=> '113 Qingxia St, Shanghai', 'tel'=>'13701830591','user_id'=>1 ])
= App\Models\UserContact {#3678
    address: "113 Qingxia St, Shanghai",
    tel: "13701830591",
    user_id: 1,
    updated_at: "2023-02-06 13:55:04",
    created_at: "2023-02-06 13:55:04",
    id: 1,
  }
> App\Models\UserContact::create(['address'=> ' 226 Zhongguancun South St, Beijing', 'tel'=>'13641939622','user_id'=>2 ])
= App\Models\UserContact {#3684
    address: " 226 Zhongguancun South St, Beijing",
    tel: "13641939622",
    user_id: 2,
    updated_at: "2023-02-06 13:55:08",
    created_at: "2023-02-06 13:55:08",
    id: 2,
  }
```

图 8-4　在 Tinker 环境中添加 2 个 UserContact 实例

打开 Chrome 浏览器，访问 http://localhost/phpMyAdmin 请求页。通过 phpMyAdmin 工具查看数据表 user_contacts，发现新增了相应 2 条记录，如图 8-5 所示。

id	created_at	updated_at	address	tel	user_id
1	2023-02-06 13:55:04	2023-02-06 13:55:04	113 Qingxia St, Shanghai	13701830591	1
2	2023-02-06 13:55:08	2023-02-06 13:55:08	226 Zhongguancun South St, Beijing	13641939622	2

图 8-5　数据表 user_contacts 新增了 2 条记录

2. 模型关系 API 使用

（1）正向关联：从 User 实例到 UserContact 实例。

在 Tinker 环境中，用以下代码实现在 User 模型实例上通过动态属性 contact（实际调用关联方法 contact()）访问与其关联的 UserContact 模型实例：

```
$user = App\Models\User::find(1);
$contact = $user->contact;
```

执行结果，如图 8-6 所示。

从代码角度看，显然比之用原始 SQL 语句方式，模型 API 方式逻辑清晰也足够简单。

（2）反向关联：从 UserContact 实例到 User 实例。

在 Tinker 环境中，可用以下代码，实现在 UserContact 模型实例上通过动态属性 user（实际调用关联方法 user()）访问与其关联的 User 模型实例：

```
> $user = App\Models\User::find(1);
= App\Models\User {#3997
    id: 1,
    name: "Ada",
    email: "ada@example.org",
    email_verified_at: null,
    #password: "$2y$10$MEhTxhJUA8RIUqPDROT4j.qksJcJg2mpUXHGAykwC88TZhjKtDicC",
    #remember_token: null,
    created_at: "2023-02-06 13:30:44",
    updated_at: "2023-02-06 13:30:44",
  }

> $contact = $user->contact;
= App\Models\UserContact {#4608
    id: 1,
    created_at: "2023-02-06 13:55:04",
    updated_at: "2023-02-06 13:55:04",
    address: "113 Qingxia St, Shanghai",
    tel: "13701830591",
    user_id: 1,
```

图 8-6 正向关联：通过动态属性 contact 访问关联模型

```
app\Models\UserContact::where('tel','12341939622')->get()->first()->user->name
```

执行代码，找到了电话号码为 "12341939622" 的用户姓名，如图 8-7 所示。

```
> App\Models\UserContact::where('tel','12341939622')->get()->first()->user->name
= "Bob"
```

图 8-7 反向关联：通过关动态属性 user 访问关联模型

（3）一对一关联关系的修改：dissociate()、associate()。

删除关联关系，需要用到 dissociate() 方法，而建立关系则需用 associate() 方法。如下示例：找到 id 值为 2 的 UserContact 实例，将其与原 User 实例间的关系删除，并将其和 id 值为 1 的 User 实例建立关联。

在 Tinker 环境中，做如下操作。

①找到 id 值为 2 的 UserContact 实例，代码如下：

```
$contact = \App\Models\UserContact::find(2);
```

②用 dissociate() 方法删除实例 $contact 与原 User 实例间的关系，代码如下：

```
$contact->user()->dissociate();
```

返回结果中，user_Id 和 user 字段值显示为 null，则说明原有的关联关系已被删除，如图 8-8 所示。

③保存以上变化，代码如下：

```
$contact->save();
```

第 8 章　模型关系实践

```
> $contact->user()->dissociate();
= App\Models\UserContact {#4396
    id: 2,
    created_at: "2023-02-06 13:55:08",
    updated_at: "2023-02-06 13:55:08",
    address: " 226 Zhongguancun South St, Beijing",
    tel: "13641939622",
    user_id: null,
    user: null,
  }
```

图 8 – 8　删除关联关系：user_Id 和 user 字段值显示为 null

说明：因为在 UserContact 模型类中定义 user_id 字段时，没有指定 nullable()，迁移后，user_contacts 表 user_id 字段不可为空（Null）。所以，执行以上 save() 方法可能会报如下异常：

Illuminate\Database\QueryException　SQLSTATE[23000]:Integrity constraint violation:1048 Column 'user_id' cannot be null(SQL:update 'user_contacts' set 'user_id' =?,'user_contacts'.'updated_at' =2023 – 02 – 07 02:57:16 where 'id' =2).

对此，可修改 user_contacts 表 user_id 字段，令其可为空，如图 8 – 9 所示。

图 8 – 9　修改 user_contacts 表的 user_id 字段可为空

再执行 $contact -> save()，则正常执行并返回为 true。此时再用 phpMyAdmin 工具，可观察到数据表 user_contacts 中相应记录的 user_id 字段值被设置为 Null，如图 8 – 10 所示。

id	created_at	updated_at	address	tel	user_id
1	2023-02-06 13:55:04	2023-02-06 13:55:04	113 Qingxia St, Shanghai	13701830591	1
2	2023-02-06 13:55:08	2023-02-07 02:57:16	226 Zhongguancun South St, Beijing	13641939622	NULL

图 8 – 10　相应记录的 user_id 字段值被设置为 Null

④将 id 值为 2 的 UserContact 实例和 id 值为 1 的 User 实例建立关联关系。代码如下：

$contact = App\Models\UserContact::find(2) -> user() -> associate(App\Models\User::find(1))

执行结果如图 8-11 所示。

```
> $contact = App\Models\UserContact::find(2)->user()->associate( App\Models\User::find(1) )
= App\Models\UserContact {#4624
    id: 2,
    created_at: "2023-02-06 13:55:08",
    updated_at: "2023-02-07 02:57:16",
    address: " 226 Zhongguancun South St, Beijing",
    tel: "12341939622",
    user_id: 1,
    user: App\Models\User {#4618
      id: 1,
      name: "Ada",
      email: "ada@example.org",
      email_verified_at: null,
      #password: "$2y$10$MEhTxhJUA8RIUqPDROT4j.qksJcJg2mpUXHGAykwC88TZhjKtDicC",
      #remember_token: null,
      created_at: "2023-02-06 13:30:44",
      updated_at: "2023-02-06 13:30:44",
    },
  }
```

图 8-11　建立关联关系

再执行保存操作，代码如下所示：

```
$contact->save();
```

此时，倘若报如下异常：

```
Illuminate\Database\QueryException  SQLSTATE[23000]:Integrity constraint violation:1062 Duplicate entry '1' for key 'user_contacts_user_id_unique'(SQL:update 'user_contacts' set 'user_id'=1,'user_contacts'.'updated_at'=2023-02-07 03:43:15 where 'id'=2).
```

说明：这是唯一键在起作用。因为创建 UserContact 模型时，user_id 字段调用了 unique() 方法，迁移后，在 user_contacts 表的 user_id 列上建立了唯一性约束。现在插入重复键值 1，当然会引起 SQL 异常。作为临时性测试，可将 user_contacts 表中 user_id 列的唯一性约束去除，如图 8-12 所示。

再执行保存代码 $contact->save()，会返回 true 值。在数据库中可看到 user_contacts 表相应记录的 user_id 字段值被设置为 1，如图 8-13 所示。

说明：以上修改表结构的操作打破了一对一关联，实际开发中并不建议如此操作。将以上第 2 条记录中 user_id 值直接改为 2，以便后续操作。

(4) 预加载关联数据：with()。

使用预加载，可一次性把关联数据都查询出来。

①正向查询。

返回主键值为 1 的 User 实例的同时，获取关联的 UserContact 实例。代码如下：

```
$user = App\Models\User::with('contact')->find(1);
```

注意：with() 方法中参数为动态属性，即实际调用对应的方法，获得其返回结果。以上动态属性为 contact，即 User 实例实际会调用其 contact() 方法，返回对应的 UserContact 实例。

图 8-12　去除 user_contacts 表中 user_id 列的唯一性约束

图 8-13　修改成功：user_id 字段值设置为 1

执行结果如图 8-14 所示。

```
> $user = App\Models\User::with('contact')->find(1);
= App\Models\User {#4628
    id: 1,
    name: "Ada",
    email: "ada@example.org",
    email_verified_at: null,
    #password: "$2y$10$MEhTxhJUA8RIUqPDROT4j.qksJcJg2mpUXHGAykwC88TZhjKtDicC",
    #remember_token: null,
    created_at: "2023-02-06 13:30:44",
    updated_at: "2023-02-06 13:30:44",
    contact: App\Models\UserContact {#4631
      id: 1,
      created_at: "2023-02-06 13:55:04",
      updated_at: "2023-02-06 13:55:04",
      address: "113 Qingxia St, Shanghai",
      tel: "12341830591",
      user_id: 1,
    },
  }
```

图 8-14　获取 User 实例的同时得到其关联的 UserContact 实例

②反向查询。

返回主键值为 1 的 UserContact 实例的同时，获取其关联的 User 实例。代码如下：

```
$contact = App\Models\UserContact::with('user')->find(1);
```

执行结果如图 8-15 所示。

```
> $contact = App\Models\UserContact::with('user')->find(1);
= App\Models\UserContact {#3677
    id: 1,
    created_at: "2023-02-06 13:55:04",
    updated_at: "2023-02-06 13:55:04",
    address: "113 Qingxia St, Shanghai",
    tel: "12341830591",
    user_id: 1,
    user: App\Models\User {#4641
      id: 1,
      name: "Ada",
      email: "ada@example.org",
      email_verified_at: null,
      #password: "$2y$10$MEhTxhJUA8RIUqPDROT4j.qksJcJg2mpUXHGAykwC88TZhjKtDicC",
      #remember_token: null,
      created_at: "2023-02-06 13:30:44",
      updated_at: "2023-02-06 13:30:44",
    },
  }
```

图 8-15 获取 UserContact 实例的同时得到其关联的 User 实例

8.3 一对多

一对多是最为常见的关联关系，如部门与员工、用户与其发表的博客文章、博客文章与其评论、影片与影评等。

此处以用户与文章为例，做一对多模型关系的实践：一个用户可以发表（拥有）多篇文章，反之，一篇文章只能属于一个用户。

8.3.1 准备环境

1. 创建 Article 模型、迁移文件

使用 PHP 命令 artisan make 创建 Article 模型，同时创建数据迁移文件。如下所示：

```
PS C:\xampp\htdocs\relation_app> php artisan make:model Article -m
```

2. Article 迁移文件中加入与 users 表关联的字段及其他字段

打开 database\migrations\2023_02_07_064637_create_articles_table 迁移文件，编写迁移方

法 up()，如下所示：

```
public function up()
{
    Schema::create('articles',function(Blueprint $table){
        $table->id();
        $table->timestamps();
        $table->string('title');
        $table->text('content');
        $table->integer('user_id')->default(0);
    });
}
```

多加了 3 个字段：title、content 和 user_id。title 是文章标题，content 是文章内容，user_id 是文章所属用户的主键。

3. 数据库迁移

用 PHP 的 artisan migrate 命令进行迁移，如下所示：

```
PS C:\xampp\htdocs\relation_app>php artisan migrate
```

执行后，在数据库 relationapp 中将创建对应的 article 数据表，如图 8-16 所示。

图 8-16　使用 artisan migrate 命令创建 article 数据表

8.3.2　配置一对多关联模型

在模型类 User 和 Article 之间建立关联，即建立 users 表和 article 表之间的关联。

1. 正向关联

在 User 模型类中，通过 hasMany() 方法定义其与 Article 模型的一对多关联。

打开文件 App\Models\User.php，编写 articles() 方法（注意，此处 articles 用复数，更符合语义），如下所示：

```
class User extends Authenticatable
{
    ......
    public function articles()  {
        return  $this->hasMany(Article::class);
```

        }
    }

注：hasMany()方法的完整签名和用法可参考8.1.2节中的hasOne()方法。这里参数"Article::class"指示了一对多关联：User实例拥有多个Article实例。

2. 反向关联

在Article模型类中，通过belongsTo()方法定义其与User模型的反向一对一关联，即可反查Article实例所属的User实例。

打开文件\App\Models\Article.php，编写belongsTo()方法，如下所示：

```
class Article extends Model
{
    use HasFactory;
    protected $guarded=[];//同意所有字段都可添加
    public function user()  {
        return $this->belongsTo('App\Models\User');
    }
}
```

注意：为避免新增Article数据时报错，应将其进行白名单或黑名单处理。如实施黑名单处理：$guarded=[]，即所有字段（包含Article）都可插入操作。

8.3.3 一对多模型API实践

1. 配置测试数据

执行PHP的artisan tinker命令，进入Tinker环境。如下所示：

```
PS C:\xampp\htdocs\relation_app>php artisan tinker
```

创建Article数据，执行如下代码：

```
App\Models\Article::create(['title'=>'php is great','content'=>'PHP is great for web development. PHP is free.Easy to learn.','user_id'=>1]);
App\Models\Article::create(['title'=>'laravel is great','content'=>'laravel is easy to use,it helps you build apps fast.','user_id'=>1]);
App\Models\Article::create(['title'=>'eloquent ORM 太棒了','content'=>'通过Eloquent模型操作可代替表操作啦','user_id'=>2]);
```

注：第1、2个Article实例的user_id为1；第3个Article实例的user_id为2。

另外，第3个Article实例的添加代码也可用以下代码替代：

```
App\Models\User::find(2)->articles()->create(['title'=>'eloquent ORM 太棒了','content'=>'通过Eloquent模型操作可代替表操作啦']);
```

执行后，用phpMyAdmin工具查看数据库，在articles表中增加了相应3行数据，如图8-17所示。

2. 模型关系API使用

(1) 正向关联：从User实例到Article实例（一到多）。

id	created_at	updated_at	title	content	user_id
1	2023-02-07 09:06:30	2023-02-07 09:06:30	php is great	PHP is great for web development. PHP is free. Eas...	1
2	2023-02-07 09:06:31	2023-02-07 09:06:31	laravel is great	laravel is easy to use, it helps you build apps fa...	1
3	2023-02-07 09:06:31	2023-02-07 09:06:31	eloquent ORM太棒了	通过Eloquent模型操作可代替表操作啦	2

图 8-17　articles 表中增加了相应 3 条记录

在 Tinker 环境中，用以下代码实现在 User 实例上通过动态属性 articles（实际调用关联方法名 articles( )）访问关联的 Article 实例：

```
$articles = App\Models\User::find(1)->articles;
```

从结果来看，获得了 id 值为 1 的用户拥有的 2 篇文章，如图 8-18 所示。

```
> $articles = App\Models\User::find(1)->articles;
= Illuminate\Database\Eloquent\Collection {#4613
    all: [
      App\Models\Article {#4616
        id: 1,
        created_at: "2023-02-07 09:06:30",
        updated_at: "2023-02-07 09:06:30",
        title: "php is great",
        content: "PHP is great for web development. PHP is free. Easy to learn.",
        user_id: 1,
      },
      App\Models\Article {#4617
        id: 2,
        created_at: "2023-02-07 09:06:31",
        updated_at: "2023-02-07 09:06:31",
        title: "laravel is great",
        content: "laravel is easy to use, it helps you build apps fast.",
        user_id: 1,
      },
    ],
  }
```

图 8-18　正向关联：通过动态属性 articles 访问关联模型

（2）反向关联：从 Article 实例到 User 实例（多到一）。

在 Tinker 环境中，可用以下代码实现在 Article 实例上通过动态属性 user（实际调用关联方法 user( )）访问关联的 User 实例：

```
App\Models\Article::where('title','like','%php%')->get()->first()->user->name
```

执行结果，找到了发表 PHP 评论的用户姓名，如图 8-19 所示。

（3）一对多关联关系的修改：dissociate( )、associate( )。

建立关联关系用 associate( ) 方法，删除关联关系需要用到 dissociate( ) 方法。

```
> App\Models\Article::where('title','like','%php%')->get()->first()->user->name
= "Ada"
```

图 8-19 反向关联：通过动态属性访问关联的 User 实例

【例】将 id 值为 3 的文章，与 id 值为 1 的用户建立关联。

在 Tinker 环境中，输入以下代码：

```
\App\Models\Article::find(3)->user()->associate(App\Models\User::find(1)
->save();
```

返回结果为 true，此时查看数据库的 articles 表，可发现 id 为 3 的记录的 user_id 值已更改为 1，如图 8-20 所示。

id	created_at	updated_at	title	content	user_id
1	2023-02-07 09:06:30	2023-02-07 09:06:30	php is great	PHP is great for web development. PHP is free. Eas...	1
2	2023-02-07 09:06:31	2023-02-07 09:06:31	laravel is great	laravel is easy to use, it helps you build apps fa...	1
3	2023-02-07 09:06:31	2023-02-07 09:40:50	eloquent ORM太棒了	通过Eloquent模型操作可代替表操作啦	1

图 8-20 通过 associate() 方法建立 Article 实例和 User 实例的关联关系

(4) 关联数据预加载：with()。

使用预加载，可一次性把关联数据都查询出来。在一对多情况下查询效率较高。

①正向查询：返回主键值为 1 的用户的同时，获取该用户的所有文章。代码如下：

```
$user = App\Models\User::with('articles')->find(1);
```

执行结果如图 8-21 所示。

②反向查询：返回主键值为 1 的文章实例的同时，获取该文章所属用户实例。代码如下：

```
$article = App\Models\Article::with('user')->find(1);
```

执行结果如图 8-22 所示。

另外，可同时加载多个模型数据。如果要在返回用户的同时，获取其联系信息和其拥有的所有文章，代码如下：

```
$user = App\Models\User::with('contact')->with('articles')->find(1);
```

8.4 多对多

多对多也是较为常见的关联关系。常见多对多关系有用户与角色、书与类别、文章与类型、影片与影片类型、员工与技能、学生与选修课程等。

```
> $user = App\Models\User::with('articles')->find(1);
= App\Models\User {#4633
    id: 1,
    name: "Ada",
    email: "ada@example.org",
    email_verified_at: null,
    #password: "$2y$10$MEhTxhJUA8RIUqPDROT4j.qksJcJg2mpUXHGAykwC88TZhjKtDicC",
    #remember_token: null,
    created_at: "2023-02-06 13:30:44",
    updated_at: "2023-02-06 13:30:44",
    articles: Illuminate\Database\Eloquent\Collection {#4672
      all: [
        App\Models\Article {#4673
          id: 1,
          created_at: "2023-02-07 09:06:30",
          updated_at: "2023-02-07 09:06:30",
          title: "php is great",
          content: "PHP is great for web development. PHP is free. Easy to learn.",
          user_id: 1,
        },
        App\Models\Article {#4674
          id: 2,
          created_at: "2023-02-07 09:06:31",
          updated_at: "2023-02-07 09:06:31",
          title: "laravel is great",
          content: "laravel is easy to use, it helps you build apps fast.",
          user_id: 1,
        },
        App\Models\Article {#4676
          id: 3,
          created_at: "2023-02-07 09:06:31",
          updated_at: "2023-02-07 09:40:50",
          title: "eloquent ORM太棒了",
          content: "通过Eloquent模型操作可代替表操作啦",
          user_id: 1,
        },
      ],
```

图 8-21 使用预加载将关联的 Article 实例一起查询出来

此处以用户与角色为例，做多对多模型关系的实践：一个用户可以拥有多种角色，反之，一种角色也可拥有多个用户。

8.4.1 准备环境

1. 创建角色模型 Role 及迁移文件

创建角色模型 Role，同时创建相应的数据迁移文件，如下所示：

```
PS C:\xampp\htdocs\relation_app> php artisan make:model Role -m
```

```
> $article = App\Models\Article::with('user')->find(1);
= App\Models\Article {#4632
    id: 1,
    created_at: "2023-02-07 09:06:30",
    updated_at: "2023-02-07 09:06:30",
    title: "php is great",
    content: "PHP is great for web development. PHP is free. Easy to learn.",
    user_id: 1,
    user: App\Models\User {#4678
      id: 1,
      name: "Ada",
      email: "ada@example.org",
      email_verified_at: null,
      #password: "$2y$10$MEhTxhJUA8RIUqPDROT4j.qksJcJg2mpUXHGAykwC88TZhjKtDicC",
      #remember_token: null,
      created_at: "2023-02-06 13:30:44",
      updated_at: "2023-02-06 13:30:44",
    },
}
```

图 8-22　使用预加载将关联的 User 实例一起查询出来

2. 在迁移文件中增加字段

打开 database\migrations\2023_02_07_105630_create_roles_table.php 迁移文件，编写迁移方法 up()，如下所示：

```
public function up(){
    Schema::create('roles',function(Blueprint $table){
        $table->id();
        $table->timestamps();
        $table->string('name');
    });
}
```

添加了一个代表角色名称的 name 字段。

3. 创建中间表迁移文件

创建 user_roles 数据表对应的迁移文件，如下所示：

```
PS C:\xampp\htdocs\relation_app> php artisan make:migration create_user_roles_table --create=user_roles
```

打开 database\migrations\2023_02_07_111450_create_user_roles_table 迁移文件，编写迁移方法 up()，如下所示：

```
public function up(){
    Schema::create('user_roles',function(Blueprint $table){
        $table->id();
```

```
            $table->timestamps();
            $table->integer('user_id')->unsigned()->default();
            $table->integer('role_id')->unsigned()->default();
            $table->unique(['user_id','role_id']);
        });
    }
```

添加了 2 个字段：user_id 引用 users 表主键、role_id 引用 roles 表主键。此外，理论上 user_id 和 role_id 组合值应该是唯一的，因此还添加了联合唯一约束，开发中不加入也没有问题。

实际上，还可在 up() 中指定 user_id 和 role_id 为外键，如下所示：

```
    $table->foreign('user_id')->references('id')->on('users')->onDelete('cascade');
    $table->foreign('role_id')->references('id')->on('roles')->onDelete('cascade');
```

4. 数据库迁移

运行如下迁移命令：

```
PS C:\xampp\htdocs\relation_app>php artisan migrate
```

在 phpMyAdmin 工具中，可观察到在数据库 relationapp 中创建了对应的 2 个数据表：roles 和 user_roles，如图 8-23 所示。

图 8-23　运行迁移命令生成了对应的 2 个数据表

8.4.2　配置多对多关联模型

在模型类 User 和 Role 之间建立关联，即通过中间表 user_roles 建立 users 表和 roles 表之间的关联。

因为多对多没有正向、反向之分，模型两边都用 belongsToMany() 建立关联。

1. 关联：从 User 模型到 Role 模型

打开文件\App\Models\User.php，编写 belongsToMany() 方法，如下所示：

```
class User extends Authenticatable{
    ……
    public function roles()  {
        return $this->belongsToMany(Role::class,'user_roles');   //->withTimestamps()
    }
}
```

注：处理多对多关系时，belongsToMany() 方法中还需加入代表中间表的第 2 个参数，此处为 user_roles。

此外，belongsToMany() 方法后可跟 withTimestamps() 方法，则插入或修改关联时，会在中间表的 created_at 或 updated_at 字段上自动通过 now() 方法加入当前时间。

2. 关联：从 Role 模型到 User 模型

打开文件\App\Models\Role.php，编写 belongsToMany() 方法，如下所示：

```
class Role extends Model{
    use HasFactory;
    protected $guarded=[];
    public function users(){
        return
            $this->belongsToMany('App\Models\User','user_roles');//->withTimestamps()
    }
}
```

注：belongsToMany() 方法中还需加入代表中间表的第 2 个参数 user_roles。

必要时，belongsToMany() 方法还可指定更多参数：参数 1 为关联模型；参数 2 为中间表名称；参数 3 为中间表中本模型的外键；参数 4 为中间表中关联模型的外键。如上例，可写为：

```
$this->belongsToMany(User::class,'user_roles','role_id','user_id');
```

另外，为了使新增数据时不报错，加上了黑名单处理：$guarded=[]，即所有字段都可批量插入数据。

8.4.3 多对多模型 API 实践

1. 配置测试数据

用如下 PHP 命令重新进入 Tinker 环境：

```
PS C:\xampp\htdocs\relation_app>php artisan tinker
```

创建 Role 实例数据，添加 2 个角色：admin 和 normal。执行如下代码：

```
App\Models\Role::create(['name'=>'admin']);
App\Models\Role::create(['name'=>'normal']);
```

执行后，用 phpMyAdmin 工具查看数据库，在 roles 表中相应增加了 2 条记录，如图 8-24 所示。

id	created_at	updated_at	name
1	2023-02-07 12:09:55	2023-02-07 12:09:55	admin
2	2023-02-07 12:09:56	2023-02-07 12:09:56	normal

图 8-24　在 roles 表中增加 2 条记录

2. 添加关联（设置中间表数据）

用 attach() 方法为用户添加角色的方法如下。

方式 1：用 attach() 方法为 User 实例设置关联的 Role 实例，代码如下所示：

```
App\Models\User::find(1)->roles()->attach(App\Models\Role::where('name','admin')->first());
```

执行后，数据库中间表 user_roles 中将新增 1 条关联数据，如图 8-25 所示。

id	created_at	updated_at	user_id	role_id
1	NULL	NULL	1	1

图 8-25　中间表 user_roles 中新增 1 条关联数据

方式 2：用 attach() 方法加入主键值（可多个），代码如下所示：

```
App\Models\User::find(1)->roles()->attach(2);
App\Models\User::find(2)->roles()->attach([1,2]);
```

注：插入关联数据时，也可指定中间表中字段值。以下代码指定 created_at 字段值为当前时间：

```
App\Models\User::find(1)->roles()->attach(2,['created_at'=>now()]);
```

执行后，数据库中间表 user_roles 中将新增 3 条关联数据，如图 8-26 所示。

id	created_at	updated_at	user_id	role_id
1	NULL	NULL	1	1
2	NULL	NULL	1	2
3	NULL	NULL	2	1
4	NULL	NULL	2	2

图 8-26　中间表 user_roles 中新增 3 条关联数据

3. 模型关系 API 的使用

（1）关联查询：从 User 实例到 Role 实例。

在 Tinker 环境中，用以下代码实现在 User 实例上通过动态属性 roles（实际调用关联方法 roles()）访问 Role 实例：

```
$roles = App\Models\User::find(1)->roles;
```

执行结果如图 8-27 所示。

```
> $roles = App\Models\User::find(1)->roles;
= Illuminate\Database\Eloquent\Collection {#4614
    all: [
      App\Models\Role {#4615
        id: 1,
        created_at: "2023-02-07 12:09:55",
        updated_at: "2023-02-07 12:09:55",
        name: "admin",
        pivot: Illuminate\Database\Eloquent\Relations\Pivot {#4604
          user_id: 1,
          role_id: 1,
        },
      },
      App\Models\Role {#4617
        id: 2,
        created_at: "2023-02-07 12:09:56",
        updated_at: "2023-02-07 12:09:56",
        name: "normal",
        pivot: Illuminate\Database\Eloquent\Relations\Pivot {#4612
          user_id: 1,
          role_id: 2,
        },
      },
    ],
  }
```

图 8-27 通过动态属性 roles 访问 Role 实例

从结果来看，实际查到了 id 值为 1 的用户拥有的 2 个角色。

（2）关联查询：从 Role 实例到 User 实例。

在 Tinker 环境中，可用以下代码实现在 Role 实例上通过动态属性 users（实际访问关联方法 users()）访问 User 实例：

```
App\Models\Role::where('name','admin')->first()->users
```

执行代码，找到了 admin 角色的所属用户，如图 8-28 所示。

（3）关联数据预加载：with()。

使用预加载可一次性把关联数据都查询出来。

①从 User 实例到 Role 实例：返回主键值为 1 的用户的同时，获取该用户所属的所有角

```
> App\Models\Role::where('name','admin')->first()->users
= Illuminate\Database\Eloquent\Collection {#4604
    all: [
      App\Models\User {#4608
        id: 1,
        name: "Ada",
        email: "ada@example.org",
        email_verified_at: null,
        #password: "$2y$10$MEhTxhJUA8RIUqPDROT4j.qksJcJg2mpUXHGAykwC88TZhjKtDicC",
        #remember_token: null,
        created_at: "2023-02-06 13:30:44",
        updated_at: "2023-02-06 13:30:44",
        pivot: Illuminate\Database\Eloquent\Relations\Pivot {#4606
          role_id: 1,
          user_id: 1,
        },
      },
      App\Models\User {#4609
        id: 2,
        name: "Bob",
        email: "bob@example.org",
        email_verified_at: null,
        #password: "$2y$10$3sq78d09XNIOW0SXNqNkL.DgxxyB96avcU1NUp2DTwhNYNktM9n6K",
        #remember_token: null,
        created_at: "2023-02-06 13:30:44",
        updated_at: "2023-02-06 13:30:44",
        pivot: Illuminate\Database\Eloquent\Relations\Pivot {#4605
          role_id: 1,
          user_id: 2,
        },
      },
    ],
  }
```

图 8-28　通过动态属性访问 User 实例

色。代码如下：

```
$user = App\Models\User::with('roles')->find(1);
```

执行结果如图 8-29 所示。

②从 Role 实例到 User 实例：返回主键值为 1 的角色的同时，获取该角色所属所有用户。代码如下：

```
$roles = App\Models\Role::with(['users' => function($query){ $query->select('name');}])->find(1)
```

```
> $user = App\Models\User::with('roles')->find(1);
= App\Models\User {#4605
    id: 1,
    name: "Ada",
    email: "ada@example.org",
    email_verified_at: null,
    #password: "$2y$10$MEhTxhJUA8RIUqPDROT4j.qksJcJg2mpUXHGAykwC88TZhjKtDicC",
    #remember_token: null,
    created_at: "2023-02-06 13:30:44",
    updated_at: "2023-02-06 13:30:44",
    roles: Illuminate\Database\Eloquent\Collection {#4630
      all: [
        App\Models\Role {#4634
          id: 1,
          created_at: "2023-02-07 12:09:55",
          updated_at: "2023-02-07 12:09:55",
          name: "admin",
          pivot: Illuminate\Database\Eloquent\Relations\Pivot {#4632
            user_id: 1,
            role_id: 1,
          },
        },
        App\Models\Role {#4635
          id: 2,
          created_at: "2023-02-07 12:09:56",
          updated_at: "2023-02-07 12:09:56",
          name: "normal",
          pivot: Illuminate\Database\Eloquent\Relations\Pivot {#4631
            user_id: 1,
            role_id: 2,
          },
        },
      ],
    },
  }
}
```

图 8-29 使用预加载将关联的 Role 实例一起查询出来

注：以上使用 select() 方法仅取 name 字段。

执行结果如图 8-30 所示。

（4）获取中间表数据：pivot。

pivot 属性用于获取中间表模型实例。

【例】获取主键值为 1 的角色的第一个用户中间表字段 user_id。

在 Tinker 环境中，输入以下代码：

```
App\Models\Role::find(1)->users[0]->pivot->user_id;
```

```
> $roles = App\Models\Role::with(['users'=>function($query){$query->select('name');}])->find(1)
= App\Models\Role {#4628
    id: 1,
    created_at: "2023-02-07 12:09:55",
    updated_at: "2023-02-07 12:09:55",
    name: "admin",
    users: Illuminate\Database\Eloquent\Collection {#4634
      all: [
        App\Models\User {#4638
          name: "Ada",
          pivot: Illuminate\Database\Eloquent\Relations\Pivot {#4637
            role_id: 1,
            user_id: 1,
          },
        },
        App\Models\User {#4612
          name: "Bob",
          pivot: Illuminate\Database\Eloquent\Relations\Pivot {#4636
            role_id: 1,
            user_id: 2,
          },
        },
      ],
```

图 8-30　使用预加载将关联的 User 实例一起查询出来

执行结果如图 8-31 所示。

```
> App\Models\Role::find(1)->users[0]->pivot->user_id
= 1
```

图 8-31　获取中间表字段 user_id 的值

（5）多对多关联关系的修改：detach( )、sync( )、syncWithoutDetaching( )。

detach( ) 方法用于删除多对多关系，其实质是删除了中间表关联记录。

【例】将主键值为 1 的用户和主键值为 1 的角色的关联关系删除。

在 Tinker 环境中，输入以下代码：

```
App\Models\User::find(1)->roles()->detach(1);
```

其过程是：找到主键值为 1 的用户，找到该用户所有的角色，去除其中主键值为 1 的角色。

返回结果为 1，即删除了 1 个关联。用 phpMyAdmin 工具查看数据库的中间表 user_roles，可发现 user_id 值为 1 的且 role_id 值为 1 的记录已被删除，如图 8-32 所示。

detach( ) 不带参数，则是将所有关联关系删除。例如将 id 值为 1 的用户的所有角色都去除，可用如下代码：

```
App\Models\User::find(1)->roles()->detach();
```

sync( ) 方法的作用：设置关联关系。原有关系不再保留，设置为参数中指定的关系。

id	created_at	updated_at	user_id	role_id
2	NULL	NULL	1	2
3	NULL	NULL	2	1
4	NULL	NULL	2	2

图 8-32　通过 detach( ) 方法删除用户和角色的某个关联关系

【例】 找到主键值为 1 的用户，为其配置主键值为 1 和 2 这 2 个角色。

```
App\Models\User::find(1)->roles()->sync([1,2])
```

sync( ) 方法会通过条件判断，必要时在内部实施 detached、update、attached 等操作。此处主键为 2 的角色本身用户就拥有，为此仅绑定（attached）了主键为 1 的角色。执行结果如图 8-33 所示。

```
> App\Models\User::find(1)->roles()->sync([1,2])
= [
    "attached" => [
      1,
    ],
    "detached" => [],
    "updated" => [],
  ]
```

图 8-33　使用 sync( ) 方法设置用户和角色的关联关系

syncWithoutDetaching( ) 方法为追加关系：不管原有关系，尽量加上参数中指定的关系，即参数中不存在的关系不会被删除。

实践巩固

1. 实践项目的环境配置

用 composer create-project 命令创建 Laravel 项目 testApp。

在 .env 文件中配置数据库连接参数，并创建 testApp 数据库。

2. 一对一模型实践

（1）配置一对一关联模型：Emp 员工实例和 IdCard 身份证实例。

①用 artisan make：model 命令创建 Emp 模型和数据迁移文件，在 Emp 迁移文件中加 string 类型字段 name（姓名）、string 类型字段 sex（性别）。注意，sex 字段默认值为"男"且不为空。

②用 artisan make：model 命令创建 IdCard 模型和数据迁移文件，在 IdCard 迁移文件中设置：加 string 类型字段 num_code（身份证号）；加 int 类型字段 emp_id，该字段引用 emps 表主键 id，建立与 emps 表的关联关系。

③分别对 Emp 和 IdCard 对应表进行数据迁移。

（2）Tinker 环境中，设置正、反向一对一关联。

①在 Emp 模型类中，用 hasOne( ) 方法设置从 Emp 到 IdCard 的正向一对一关联。

②在 IdCard 模型类中，用 belongsTo( ) 方法设置从 IdCard 到 Emp 的反向一对一关联。

③配置测试数据：创建 2 个 Emp 实例；创建 2 个 IdCard 实例，分别通过 emp_id 字段值与 2 个 Emp 实例建立一对一关联。具体数据参考如下：

(1,'艾黛','女'),(2,'鲍勃','男');
(1,'310224200000000000',1),(2,'310224198000000000',2)

（3）实施正向一对一关联查询。

查找 id 值为 1 的 Emp 实例，再通过动态属性 idCard 查找相应的 IdCard 实例。

（4）实施反向一对一关联查询。

查找 id 值为 1 的 Emp 实例，再通过动态属性 idCard 查找相应的 IdCard 实例。

（5）实施一对一关联关系的修改。

用 dissociate( ) 方法删除 Emp 实例"艾黛"与 IdCard 实例"310224200000000000"间的关系。

用 associate( ) 方法建立 Emp 实例"艾黛"与 IdCard 实例"310224200000000000"间的关系。

（6）实施预加载关联数据。

用 with( ) 方法获取 id 值为 1 的 Emp 实例的同时，得到其关联的 IdCard 实例。

用 with( ) 方法获取 id 值为 1 的 IdCard 实例的同时，得到其关联的 Emp 实例。

3. 一对多模型实践

（1）配置一对多关联模型：Dept 部门实例与 Emp 员工实例。

①用 artisan make:model 命令创建 Dept 模型和数据迁移文件，在迁移文件中加 string 类型字段 name（部门名称）。注意，name 不能为空且字段值唯一。

②修改 Emp 迁移文件：加 dept_id 字段，该字段引用 depts 表主键 id，建立与 depts 表的关联关系。

③分别对 Emp 和 Dept 对应表进行数据迁移（必要时，先对 Emp 迁移数据进行回滚）。

（2）Tinker 环境中，设置一对多关联。

①在 Dept 模型类中，用 hasMany( ) 方法设置从 Dept 到 Emp 的一对多关联。

②在 Emp 模型类中，用 belongsTo( ) 方法设置从 Emp 到 Dept 的一对一关联。

③配置测试数据：创建 2 个 Dept 实例；创建 3 个 Emp 实例，分别通过 dept_id 字段值与 2 个 Dept 实例建立关联。具体数据参考如下：

(1,'人事部'),(2,'研发部');
(1,'艾黛','女',1),(2,'鲍勃','男',2),(3,'辛迪','女',2)

（3）实施一对多关联查询。

查找 id 值为 1 的 Dept 实例，再通过动态属性 emps 查找相应的 Emp 实例。

（4）实施一对一关联查询。

查找 id 值为 1 的 Emp 实例，再通过动态属性 dept 查找相应的 Dept 实例。

（5）实施一对一关联关系的修改。

用 dissociate( ) 方法删除 Emp 实例 "艾黛" 与 Dept 实例 "人事部" 间的关系。
用 associate( ) 方法建立 Emp 实例 "艾黛" 与 Dept 实例 "研发部" 间的关系。
（6）实施预加载关联数据。
用 with( ) 方法获取 id 值为 2 的 Dept 实例的同时，得到其关联的 Emp 实例。
用 with( ) 方法获取 id 值为 1 的 Emp 实例的同时，得到其关联的 Dept 实例。

4. 多对多模型实践

（1）配置多对多关联模型：Team 项目组实例与 Emp 员工实例。

①用 artisan make：model 命令创建 Team 模型和数据迁移文件，在迁移文件中加 string 类型字段 name（项目组名称）。注意，name 不能为空且字段值唯一。

②创建中间表 user_roles 对应的迁移文件，在迁移文件中加 team_id 和 emp_id 字段，用于分别建立与 teams 表和 emps 表的关联关系。

③分别对 Emp、Team 对应表和中间表进行数据迁移（必要时，先对 Emp 迁移数据进行回滚）。

（2）Tinker 环境中，设置多对多关联。

①在 Team 模型类中，用 belongsToMany( ) 方法设置从 Team 到 Emp 的一对多关联。

②在 Emp 模型类中，用 belongsToMany( ) 方法设置从 Emp 到 Team 的一对多关联。

③配置测试数据：创建 2 个 Team 实例、3 个 Emp 实例。数据参考如下：

```
(1,'HR 系统'),(2,'CRM 管理');
(1,'艾黛','女',1),(2,'鲍勃','男',2),(3,'辛迪','女',2);
```

（3）用 attach( ) 方法设置多对多的关联关系。
将 "艾黛" 员工加入 "HR 系统" 开发组；将 "鲍勃" 和 "辛迪" 一起加入 "CRM 管理" 开发组。

（4）实施多对多关联查询。
查找 id 值为 1 的 Team 实例，再通过动态属性 emps 查找其所属 Emp 实例。

（5）实施多对多关联查询。
查找 id 值为 1 的 Emp 实例，再通过动态属性 teams 查找其所在的 Team 实例。

（6）实施多对多联关系的修改。
用 dissociate( ) 方法删除 Emp 实例 "艾黛" 与 Team 实例 "HR 系统" 间的关系。
用 associate( ) 方法建立 Emp 实例 "艾黛" 与 Team 实例 "HR 系统" 间的关系。

（7）实施预加载关联数据。
用 with( ) 方法获取 id 值为 2 的 Team 实例的同时，得到其关联的 Emp 实例。
用 with( ) 方法获取 id 值为 1 的 Emp 实例的同时，得到其关联的 Team 实例。

（8）用 detach( ) 方法删除多对多关系。
将 id 值为 2 的项目组和 id 值为 2 的员工关系删除。

（9）syncWithoutDetaching( ) 方法追加关系。
为 id 值为 2 的项目组和 id 值为 2 的员工建立关系。

第 9 章

API 资源访问验证实践

在 Laravel 框架中，集成了具有验证功能的 Laravel Sanctum 中间件（auth:sanctum）。通过简单配置，就可实现 API Token（令牌，一种资源凭证），对 API 资源进行访问验证。

简单而言，Laravel Sanctum 中间件会生成用户相应的 API Token，在注册、登录等请求处理完成后，Token 会随响应返回给用户；当用户请求访问授权资源时，Laravel Sanctum 会验证 Authorization 标识头中回传 Token 的有效性。

本章在 XAMPP、Laravel 9、PhpStorm 环境下进行 API 授权访问实践。

学习目标

序号	基本要求	类别
1	理解 Laravel 框架 auth:sanctum 中间件的功能	知识
2	掌握 auth:sanctum 中间件项目的环境配置	技能
3	掌握 API 资源配置，包括创建 API 资源相关的模型、迁移文件和控制器等	技能
4	掌握构建 API 验证控制器和 API 资源控制器的方法	技能
5	正确注册 API 资源的访问路由和验证相关路由	技能

9.1 项目环境配置

1. 创建项目

在 C:\xampp\htdocs 目录下，用 composer create-project 命令创建项目 auth_app。如下所示：

```
composer create-project laravel/laravel auth_app
```

在创建过程中，可发现有如下信息：

```
- Installing laravel/sanctum(v3.2.0):Extracting archive
......
```

```
DONE
laravel/sanctum
```

这说明在当前项目中以默认加入了 Sanctum 验证包。

接着用 PhpStorm 打开 auth_app 项目，做后续操作。

2. 配置数据库连接参数

因为 Laravel Sanctum 认证使用到 users、personal_access_tokens 等数据库表，所以必须配置好与数据库的连接参数。打开项目的 .env 文件，设置以 DB_ 为首的相应参数，如下所示：

```
DB_CONNECTION=mysql
DB_HOST=localhost
DB_PORT=3306
DB_DATABASE=authapp
DB_USERNAME=root
DB_PASSWORD=
```

以上参数功能：MySQL 在本机地址 localhost 以 3306 端口对外服务，使用 root 账号和相应密码连接到该 MySQL 的 authapp 数据库之上。

启动 XAMPP 应用的 Apache 服务和 MySQL 服务，用 Chrome 浏览器访问 http://localhost/phpMyAdmin，在 phpMyAdmin 工具中创建数据库 authapp。

3. 配置 API 中间件

打开 App\Http\Kernel.php，去除对 EnsureFrontendRequestsAreStateful 中间件的注释，如下所示：

```
protected $middlewareGroups=[
    ……
    'api'=>[
        \Laravel\Sanctum\Http\Middleware\EnsureFrontendRequestsAreStateful::class,
        'throttle:api',
        \Illuminate\Routing\Middleware\SubstituteBindings::class,
    ],
];
```

4. 实施数据库迁移

执行 php artisan migrate 迁移命令，在数据库中创建与验证相关的数据表。命令如下：

```
PS C:\xampp\htdocs\auth_app> php artisan migrate
```

用 Chrome 浏览器访问 http://localhost/phpMyAdmin，在 phpMyAdmin 工具中打开 authapp 数据库，可发现创建了 5 个数据表，如图 9-1 所示。

其中，与验证相关的表为 users 和 personal_access_tokens。users 存放用户的信息，personal_access_tokens 则存放 token。

图 9-1 实施迁移，创建 5 个数据表

5. User 模型类导入 HasApiTokens 服务

打开 App\Models\User.php 文件，确认在 User 模型类中导入了 HasApiTokens 特征（Trait）。如下所示：

```
class User extends Authenticatable
{
    use HasApiTokens,HasFactory,Notifiable;
    ......
}
```

注意：User 类必须继承 Authenticatable 类，而非 Model 类。导入 HasApiTokens 服务，可为 User 模型提供一些辅助方法，以便访问 Token 和判断特定范围中 Token 是否可用等。

9.2 API 资源配置

本实践假设对"Task（任务）"资源的访问性进行验证，需要准备 Task 的模型、迁移文件、控制器和 API Resource（API 资源）类。

1. 创建访问资源的模型、迁移文件、控制器

可分别用 PHP 的 artisan 命令创建"任务"相关的模型、迁移文件和控制器。但建议用以下命令同时创建：

```
PS C:\xampp\htdocs\auth_app>php artisan make:model Task -m -c -api
```

-m 是 --migration 缩写，指同时生成迁移文件；

-c 是 --controller 缩写，指同时生成控制器；

--api 针对 API 应用而非传统 Web 应用开发。因此，创建的控制器生成针对 API 应用的 5 个方法。

以上命令生成的文件如下：

（1）模型类 Task。

生成了 App\Models\Task.php 文件，其内定义了模型类 Task。可添加 $fillable 属性，以便能实施相应 name 和 details 字段值的添加操作，如下所示：

```
class Task extends Model
{
    use HasFactory;
    protected $fillable=[
        'name',
        'details',
    ];
}
```

（2）迁移文件。

在 App\database\migrations\ 目录中生成了 Task 相应迁移文件，如图 9-2 所示。

在 2023_02_05_081119_create_tasks_table.php 文件的 up() 方法中可完善映射表 tasks 的

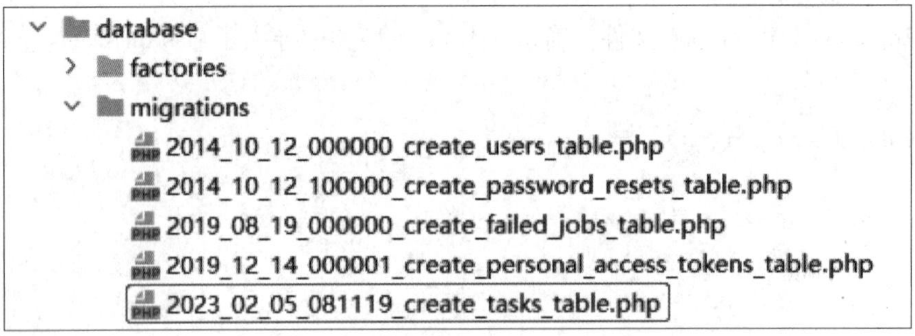

```
database
  factories
  migrations
    2014_10_12_000000_create_users_table.php
    2014_10_12_100000_create_password_resets_table.php
    2019_08_19_000000_create_failed_jobs_table.php
    2019_12_14_000001_create_personal_access_tokens_table.php
    2023_02_05_081119_create_tasks_table.php
```

图9-2 生成的 Task 迁移文件

结构，如下所示：

```
public function up()
{
    Schema::create('tasks',function(Blueprint $table){
        $table->id();
        $table->timestamps();
        $table->string('name');
        $table->text('details');
    });
}
```

原有代码中，$table->id() 语句生成自增 id 主键；$table->timestamps() 语句生成 create_at 和 update_at 两个字段。

此处增加的 2 行语句增加了 2 字段：$table->string('name') 为 varchar 类型的 name 字段；$table->text('details') 生成 text 类型的 details 字段。

（3）控制器。

生成了控制器文件 App\Http\Controllers\TaskController.php，其内定义了控制器类 TaskController。由于 php artisan make:model 中 --api 参数的作用，仅生成了针对 API 应用所需的 5 个方法。TaskController 类代码如下所示：

```
class TaskController extends Controller
{
    public function index() {
        //
    }
    public function store(Request $request) {
        //
    }
    public function show(Task $task) {
        //
    }
    public function update(Request $request,Task $task) {
```

```
        //
    }
    public function destroy(Task $task) {
        //
    }
}
```

2. 实施迁移

先在 XAMPP 控制面板中启动 Apache 和 MySQL 服务，然后执行 PHP 命令 artisan migrate，如下所示：

```
PS C:\xampp\htdocs\auth_app >php artisan migrate
```

执行后，用 Chrome 浏览器访问 http://localhost/phpMyAdmin，在 phpMyAdmin 工具中打开 authapp 数据库，可发现创建了 tasks 数据表，其内部字段结构完全符合迁移文件的定义，如图 9-3 所示。

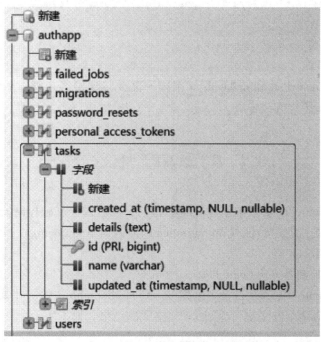

图 9-3　实施迁移：创建 tasks 数据表

3. 创建 API Resource 类

API Resource 类的作用是"将模型和模型集合转换为 JSON 数据格式"，以便和客户端交互。此处创建 Task 模型相关的 API Resource 类。

用命令 artisan make:resource 创建 API Resource 类 Task，如下所示：

```
php artisan make:resource Task
```

会在 App\Http\Resources 目录中产生 Task 类，如下所示：

```
class Task extends JsonResource
```

```php
{
    public function toArray($request)
    {
        return parent::toArray($request);
    }
}
```

其中 toArray() 就是"将模型和模型集合转换为 JSON 数据格式"的方法。按需应做如下替换：

```php
public function toArray($request)
{
    return[
        'id' => $this->id,
        'name' => $this->name,
        'details' => $this->details,
        'created_at' => $this->created_at->format('d/m/Y'),
        'updated_at' => $this->updated_at->format('d/m/Y'),
    ];
}
```

通常情况下，created_at 和 updated_at 字段不需要传递给客户端，一些敏感的数据字段也不应该写在 toArray() 方法中。

9.3 构建 API 验证控制器

在 App\Http\Controller 目录中创建 API 子目录。然后构建基础控制器 BaseController，用于统一返回数据格式；创建验证（Authorization）控制器 AuthController，完成用户注册和登录功能的同时返回 Token 值。

（1）创建基础控制器 BaseController。

在 App\Http\Controller\API 目录中创建 BaseController.php 文件，并就正常处理响应和异常处理响应，分别写两个方法统一返回 JSON 格式的结果。如下所示：

```php
class BaseController extends Controller
{
    public function handleResponse($result, $msg) {
        $res = [
            'success' => true,
            'data'    => $result,
            'message' => $msg,
        ];
        return response()->json($res, 200);
    }
```

```
    public function handleError($error,$errorMsg=[],$code=404)   {
        $res=[
            'success'=>false,
            'message'=>$error,
        ];
        if(! empty($errorMsg)){
            $res['data'] = $errorMsg;
        }
        return response()->json($res,$code);
    }
}
```

handleResponse($result,$msg)方法用于将处理完的结果以JSON格式返回给请求客户端；当处理出现异常或出错时，可用handleError($error,$errorMsg=[],$code=404)方法，以JSON格式返回给请求客户端。

注：json()方法定义在ResponseFactory类中，最多可返回4个参数，如下所示：

```
public function json($data=[],$status=200,array $headers=[],$options=0)
{
    return new JsonResponse($data,$status,$headers,$options);
}
```

（2）创建Auth控制器AuthController。

在App\Http\Controller\API目录中创建AuthController.php文件。令AuthController继承BaseController，并实现用户登录、退出和注册方法。如下所示：

```
namespace App\Http\Controllers\API;
use Illuminate\Http\Request;
use Illuminate\Support\Facades\Auth;
use App\Http\Controllers\API\BaseController as BaseController;
use App\Models\User;
use Validator;
class AuthController extends BaseController
{
    public function login(Request $request)   {
        if(Auth::attempt(['email'=>$request->email,'password'=>$request->password])){
            $auth=Auth::user();
            $success['token'] = $auth->createToken('LaravelSanctumAuth')->plainTextToken;
            $success['name'] = $auth->name;
            return $this->handleResponse($success,'User loged in');
        }
        else{
```

```php
            return $this->handleError('Unauthorised',['error' => 'Unauthorised']);
        }
    }

    public function logout()
    {
        //auth()->logout();
        if(auth()->user()->currentAccessToken()->delete()){
            $success['name'] =  auth()->user()->name;
            return $this->handleResponse($success,'User logged out! ');
        }
    }

    public function register(Request $request){
        $validator = Validator::make($request->all(),[
            'name' => 'required',
            'email' => 'required|email',
            'password' => 'required',
            'confirm_password' => 'required|same:password',
        ]);
        if($validator->fails()){
            return $this->handleError($validator->errors());
        }
        $input = $request->all();
        $input['password'] = bcrypt($input['password']);
        $user = User::create($input);
        $success['token'] = $user->createToken('LaravelSanctumAuth')->plainTextToken;
        $success['name'] = $user->name;
        return $this->handleResponse($success,'User registered');
    }
}
```

注意，以上 login() 登录方法和 register() 注册方法成功执行后，都会将创建的 Token 一起返回。

9.4 构建 API 资源的控制器

接下来为 TaskController 控制器编写处理方法。

将 TaskController.php 从 App\Http\Controllers 目录移至 App\Http\Controllers\API 目录下。让 TaskController 继承 BaseController，并为其处理方法编写相应逻辑。代码如下：

```php
namespace App\Http\Controllers\API;
use App\Http\Resources\Task as TaskResource;
use App\Models\Task;
use Illuminate\Http\Request;
use App\Http\Controllers\API\BaseController as BaseController;
use Validator;
class TaskController extends BaseController
{
    public function index(){
        $tasks=Task::all();
        return $this->handleResponse(
            App\Http\Resources\TaskResource::collection($tasks),'Tasks retrieved');
    }
    public function store(Request $request){
        $input=$request->all();
        $validator=Validator::make($input,[
            'name'=>'required',
            'details'=>'required'
        ]);
        if($validator->fails()){
            return $this->handleError($validator->errors());
        }
        $task=Task::create($input);
        return $this->handleResponse(new TaskResource($task),'Task created');
    }
    public function show(Task $task){//注入(自动绑定url参数)
        if(is_null($task)){
            return $this->handleError('Task not found! ');
        }
        return $this->handleResponse(new TaskResource($task),'Task retrieved');
    }
    public function update(Request $request,Task $task){
        $input=$request->all();
        $validator=Validator::make($input,[
            'name'=>'required',
            'details'=>'required'
        ]);
        if($validator->fails()){
            return $this->handleError($validator->errors());
        }
```

```
        $task->name = $input['name'];
        $task->details = $input['details'];
        $task->save();
        return $this->handleResponse(new TaskResource($task),'Task updated');
    }
    public function destroy(Task $task)  {
        $task->delete();
        return $this->handleResponse([],'Task deleted');
    }
}
```

9.5 注册路由

打开 routes\api.php 文件，注册 Task 资源访问路由和验证相关路由。如下所示：

```
use App\Http\Controllers\API\AuthController;
use App\Http\Controllers\API\TaskController;
use Illuminate\Support\Facades\Route;
Route::middleware('auth:sanctum')->group(function(){
    Route::apiResource('tasks',TaskController::class);//资源访问需要验证
});
//注册验证相关路由
Route::post('register','App\Http\Controllers\API\AuthController@register');
Route::post('login',[AuthController::class,'login']);
Route::get('logout',[AuthController::class,'logout'])->middleware('auth:sanctum');
```

其中，Task 资源的访问需要先通过验证，所以将访问 tasks 的资源路由放入 auth:sanctum 中间件中。当访问到来后，auth:sanctum 中间件将检查 Authorization 标识头中 API Token 的有效性。

对于注册和登录两种请求，显然无须验证就可操作，因此，相关路由直接指定控制器和处理方法即可。对于退出请求，也需要用 auth:sanctum 中间件验证，因为登录状态的用户才有退出操作的需求。

9.6 检验验证功能

1. 注册用户

用 Postman 输入 POST 请求 http://localhost/auth_app/public/api/register，设置如下 4 个 form-data 类型的 body 参数：

name=admin

```
email = admin@ example. com
password = @ dmin
confirm_password = @ dmin
```

注：前 4 个参数是 Laravel 9 系统中用户注册的常规参数。

单击 Send 按钮，返回操作成功的 JSON 格式结果，如图 9 - 4 所示。注意，在返回的 JSON 信息中含有相应的 Token 值：1 | 0eOVMUbS5eNetCEzpIgm5RCVulmxW2FvZ1ChgcU6。

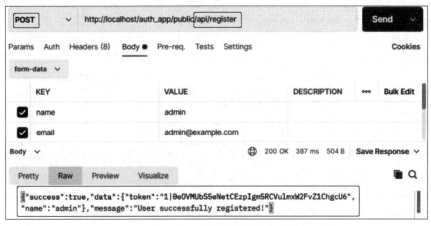

图 9 - 4　注册返回 JSON 结果中含有 Token 值

用 Chrome 浏览器访问 http://localhost/phpMyAdmin，在 phpMyAdmin 工具中打开 auth_app 数据库，可发现 users 表中多了一条 admin 用户记录。其中的密码是加密保存的，如图 9 - 5 所示。

id	name	email	email_verified_at	password	remember_token	created_at	updated_at
1	admin	admin@example.com	NULL	$2y$10$EOupFqqvEzSf6N2O3OLdeerzUK6N02cRuFBdO11ryvt...	NULL	2023-02-05 13:38:58	2023-02-05 13:38:58

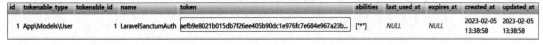

图 9 - 5　users 表中多了一条记录，且密码被加密了

注：Laravel 中默认采用 BCRYPT 算法加密，调用 Hash::make() 方法即可实施 BCRYPT 算法加密。

在 users 表中多了一条记录的同时，personal_access_tokens 表中也多了一条 Token 记录，如图 9 - 6 所示。注意：该 Token 值和用户请求返回 Token 值会有所不同，没有关系，这是系统从安全角度考虑所做的处理工作，不会影响使用。

id	tokenable_type	tokenable_id	name	token	abilities	last_used_at	expires_at	created_at	updated_at
1	App\Models\User	1	LaravelSanctumAuth	aefb9e8021b015db7f26ee405b90dc1e976fc7e684e967a23b...	["*"]	NULL	NULL	2023-02-05 13:38:58	2023-02-05 13:38:58

图 9 - 6　personal_access_tokens 表中多了一条记录

2. 用户登录

用 Postman 输入 POST 请求 http://localhost/auth_app/public/api/login，并设置如下两个 form - data 类型的 body 参数：

```
email = admin@ example. com
password = @ dmin
```

单击 Send 按钮，返回操作成功的 JSON 格式结果，如图 9 –7 所示。注意，在返回的 JSON 信息中也含有相应的 Token 值：2 | Zfc2U1xtigEKx4nsdhuTMk1BAuqBNLNWGqmhgHoz。

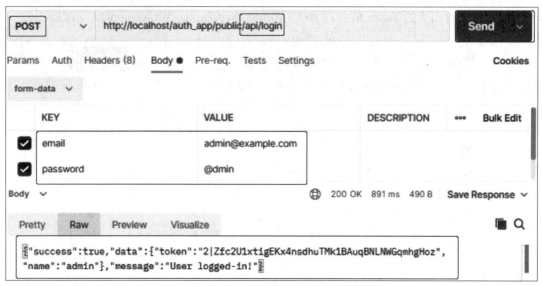

图 9 –7　执行登录 API，返回成功的 JSON 格式结果

此时 Token 又会生成一次，在 personal_access_tokens 表中也会多加一条记录，如图 9 –8 所示。

id	tokenable_type	tokenable_id	name	token	abilities	last_used_at	expires_at	created_at	updated_at
1	App\Models\User	1	LaravelSanctumAuth	aefb9e8021b015db7f26ee405b90dc1e976fc7e684e967a23b...	["*"]	NULL	NULL	2023-02-05 13:38:58	2023-02-05 13:38:58
2	App\Models\User	1	LaravelSanctumAuth	d6369e4cb41e9b55512d866a7ac89ddf726eb2d177e7bbbda9...	["*"]	NULL	NULL	2023-02-05 14:10:17	2023-02-05 14:10:17

图 9 –8　登录成功会生成一次 Token

3. 使用 Token 访问资源

经过登录或注册，用户端获得 Token 后，就可访问授权资源了。

(1) 测试添加 Task 功能。

用 Postman 输入 POST 请求 http://localhost/auth_app/public/api/tasks，设置如下两个 form – data 类型的 body 参数：

```
name = Laravel Auth
details = 学习 Auth 原理、案例实践
```

单击 Authorization，选择 Type 为 Bearer Token，输入登录后返回的 Token 值：

```
2 |Zfc2U1xtigEKx4nsdhuTMk1BAuqBNLNWGqmhgHoz
```

单击 Send 按钮，返回操作成功的 JSON 格式结果，如图 9 –9 所示。

用 Chrome 浏览器访问 http://localhost/phpMyAdmin，在 phpMyAdmin 工具中打开 auth_

app 数据库，可发现 tasks 表中多了一条记录，如图 9-10 所示。

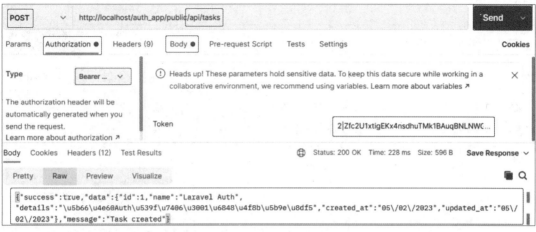

图 9-9　访问"Post/api/tasks"资源，返回 JSON 格式结果

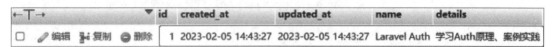

图 9-10　tasks 表中多了一条记录

如下验证：

倘若使用了不正确的 Token，进行资源访问，如图 9-11 所示，Token 值为 9|Zfc2U1xtigEKx4nsdhuTMk1BAuqBNLNWGqmhgHoz，单击 Send 按钮，返回了异常信息 "RouteNotFoundException:Route［login］not defined."。这说明 Token 具备身份验证、保护资源访问功能。

图 9-11　Token 具备身份验证、保护资源访问功能

究其返回异常信息的根源，是发送方没有设置头信息"Accept:application/json"导致

的。因此，在 Postman 中加上该头信息，如图 9－12 所示，发送后，返回了"未通过授权"信息：{"message"："Unauthenticated."}。

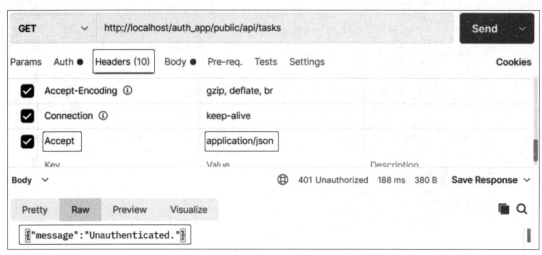

图 9－12　设置头信息"Accept：application/json"后返回未通过授权信息

若以上未通过授权信息 {"message"："Unauthenticated."} 需要定制，则可修改 App\http\Middleware\Authenticate.php 文件，加入如下 unautheticated() 方法：

```
protected function unauthenticated($request,array $guards){
    abort(response()->json(['code'=>401,'message' => 'unauthenticated']));
}
```

再次发送请求，将获得定制的未通过授权信息：{"code"：401,"message"："unauthenticated"}，如图 9－13 所示。

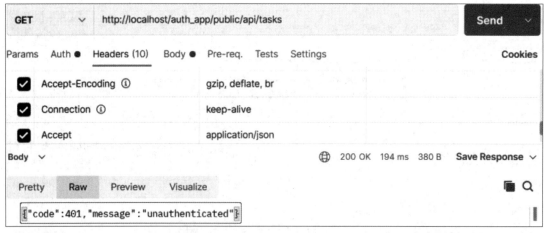

图 9－13　返回定制的未通过授权信息

（2）测试查询 Task 列表功能。

用 Postman 输入 GET 请求 http：//localhost/auth_app/public/api/tasks，单击 Authorization，选择 Type 为 Bearer Token，输入登录后返回的 Token 值：

```
2|Zfc2U1xtigEKx4nsdhuTMk1BAuqBNLNWGqmhgHoz
```

单击 Send 按钮，返回操作成功的 JSON 格式结果，虽然只有一条数据，但是放在数组中，如图 9-14 所示。

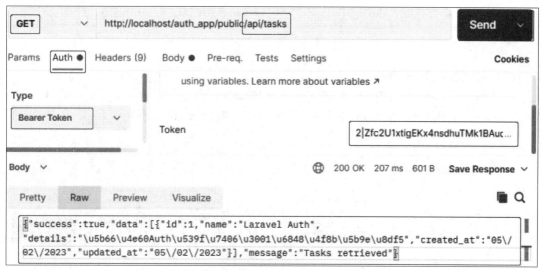

图 9-14 执行 GET 请求/api/tasks 返回结果

(3) 测试编辑 Task 功能。

用 Postman 输入 PUT 请求 http://localhost/auth_app/public/api/tasks/1，设置如下 3 个 raw/JSON 类型的 body 参数（注意，PUT 中不支持 form-data 参数，会报 405 错）：

```
{"name":"Larave Auth 2.0","details":"学习 Auth 原理、案例实践 2.0"}
```

单击 Authorization，选择 Type 为 Bearer Token，输入登录后返回的 Token 值：

```
2|Zfc2U1xtigEKx4nsdhuTMk1BAuqBNLNWGqmhgHoz
```

单击 Send 按钮，修改 id 为 1 的 Task 信息，返回操作成功的 JSON 格式结果，如图 9-15 所示。

图 9-15 修改 id 为 1 的 Task 信息，返回 JSON 结果

用 Chrome 浏览器访问 http://localhost/phpMyAdmin，在 phpMyAdmin 工具中打开 auth_app 数据库，可发现 tasks 表记录值有变化，如图 9-16 所示。

图 9-16　修改后 tasks 表记录值发生变化

（4）测试删除 Task 功能。

用 Postman 工具输入 DELETE 请求 http://localhost/auth_app/public/api/tasks/1，单击 Authorization，选择 Type 为 Bearer Token，输入登录后返回的 Token 值：

2|Zfc2U1xtigEKx4nsdhuTMk1BAuqBNLNWGqmhgHoz

单击 Send 按钮，删除 id 为 1 的 Task 信息，返回操作成功的 JSON 格式结果，如图 9-17 所示。

图 9-17　删除 id 为 1 的 Task 信息，返回 JSON 结果

用 Chrome 浏览器访问 http://localhost/phpMyAdmin，在 phpMyAdmin 工具中打开 auth_app 数据库，可发现 tasks 表记录已被删除，如图 9-18 所示。

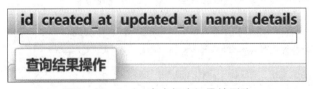

图 9-18　tasks 表中相应记录被删除

说明：前端发出增、删、改、查操作资源请求时，建议使用 raw/JSON 类型的参数，一是对 PUT 类型请求支持较好，二是使用 JSON 数据传输已经成为前端规范。为此，发送端应设置头信息 Accept:application/json，参数值编写应采用 raw/JSON 类型。

4. 退出

在 Postman 工具中输入 GET 请求 http://localhost/auth_app/public/api/logout，单击 Authorization，选择 Type 为 Bearer Token，输入登录后返回的 Token 值：

2|Zfc2U1xtigEKx4nsdhuTMk1BAuqBNLNWGqmhgHoz

单击 Send 按钮，返回用户退出 JSON 格式结果，如图 9-19 所示。

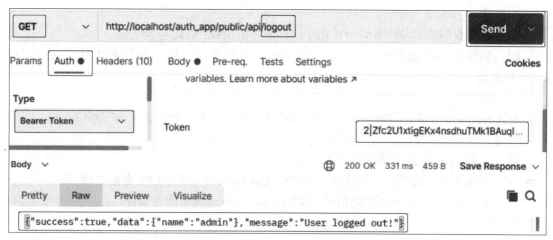

图 9-19　执行/api/logout 请求，返回用户退出 JSON 结果

退出后，数据库表 personal_access_tokens 中相应的记录也会被删除，如图 9-20 所示。

图 9-20　退出后，数据表 personal_access_tokens 中相应的记录被删除

实践巩固

1. auth:sanctum 中间件项目环境配置

（1）用 composer create-project 命令创建项目 auth_app。
（2）在 .env 文件中配置数据库连接参数。
（3）在 Kernel.php 中配置 EnsureFrontendRequestsAreStateful 中间件。
（4）执行 artisan migrate 迁移命令，创建和验证相关数据表 users 和 personal_access_tokens。
（5）令 User 模型类须继承自 Authenticatable 类，并导入 HasApiTokens 特征，以便访问和判断 Token。

2. API 资源配置

本实践假设对"Device（设备）"API 资源的访问性进行验证。
（1）用 artisan 命令同时创建"设备"相关的模型、迁移文件和控制器。
（2）在 Task 迁移文件中完善 devices 表的结构：添加 string 类型的 num（编号）字段、

string 类型的 name（名称）字段和 text 类型的 descp（描述）字段。

（3）为模型类 Task 加白名单或黑名单，以便能实施相应 num、name 和 descp 字段值的添加操作。

（4）实施迁移：创建 devices 数据表。

（5）用 artisan make:resource 命令创建 API Resource 类 Device，并按需返回 JSON 格式的各字段。

3. 构建 API 验证控制器

（1）创建控制器 BaseController，用于返回统一的 JSON 格式响应结果。

（2）创建 BaseController 子类 AuthController，实现登录、退出和注册方法。注意，以 JSON 格式返回。

4. 构建 API 资源的控制器

设置 DeviceController 类继承自 BaseController，并为其 5 个处理方法编写相应逻辑。

5. 注册 API 资源的访问路由和验证相关路由

在 api.php 文件中注册路由的要求：

（1）注册和登录请求，无须验证，直接由 AuthController 类中相应方法处理。

（2）退出请求和 Device 资源访问，需要用 auth:sanctum 中间件验证。

6. 访问注册的 API 资源，并测试验证功能

第 10 章

Web API 项目实战

REST API 架构是目前最流行的一种互联网软件架构，它将 HTTP 协议方法映射到对应的业务逻辑。其结构清晰、符合标准、易于理解、扩展方便，普遍应用于前后端分离开发中。

本章将使用 Laravel 框架设计一个 REST API 接口后端项目，实现影片信息的收集、列表显示、编辑、删除等管理功能。

10.1 功能和模型分析

设计和实施项目前，先对功能和模型做简单分析。

假设某机构要对经典影片信息进行收集管理，功能包括：将经典影片的片名、海报图 URL、导演、分类、发布日期、时长、剧情简介保存起来；获取影片列表信息；获取单个影片的详细信息；编辑修正影片信息；删除不需要的影片信息等。

管理过程中还需关注安全性问题，即只有登录用户才能访问资源，对于某些资源操作，还需管理员用户才能操作。

10.1.1 模型分析

针对功能简述，模型可设计 3 个：用户（User）模型、影片类型（Genre）模型和影片（Movie）模型。其中，User 和 Movie 间存在一对多关系，Genre 和 Movie 间为多对多关系。

注：一个用户可创建多部影片信息，一部影片信息为一个用户所创建；一个类型有多部影片，一部影片可归属多种类型。

1. 用户（User）模型

在保留 Laravel 原有 User 模型的基础上，再加上整数类型的 role 属性：用 0 代表普通用户，用 1 代表管理员用户。该属性的作用为：所有资源都需登录用户方能访问，其中，普通用户可以访问影片的列表（/list）和详情（/details）资源，其他影片资源则只有管理员用户才能访问。

相关 API 接口有：用户登录：Post/api/login；系统退出：Get/api/logout。

相关中间件有：和用户认证鉴权相关，需要部署验证中间件 auth:sanctum；自定义一个角色验证中间件 IsAdminRole。

用户模型数据：为简单起见，通过 Laravel 的 Seeder 功能直接实现自动填充数据。管理员用户为 admin，普通用户为 bob。

2. 影片类型（Genre）模型

有 2 个属性：自增主键 id 和类型名 name。

影片类型模型数据：通常不做改变，因此可通过 Laravel 的 Seeder 功能直接实现自动填充数据即可。

3. 影片（Movie）模型

有 8 个主要属性：自增主键 id、片名 title、海报图文件路径 posterImgUrl、导演 director、发布日期 initialReleaseDate、时长 runtime、剧情简介 summary、创建者 create_user_id。

前面 7 个属性为描述影片信息用的主体属性。注意，影片的分类信息在模型关系中体现（关联数据存放于中间表中）。

创建者 create_user_id 属性表示是哪个用户创建的该影片信息，从数据库角度来看，是外键引用着用户表中的主键 id 值。

4. 其他方面

（1）相关 API 接口有：新增影片 Post/api/movies；影片列表 Get/api/movies；影片详情 Get/api/movies/${id}；编辑影片 Patch/api/movies；删除影片 Delete/api/movies/${id}。

（2）相关中间件有：访问影片列表和影片详情资源，需要通过中间件 auth:sanctum 验证；操作其他资源，还需通过自定义角色验证中间件 IsAdminRole，保证用户为管理员角色。

（3）影片模型数据：通过 API 维护。

10.1.2 模型关系

1. User 和 Movie 间存在一对多关系

为了关联操作需要，可以在影片模型中加关联到用户模型的方法 user()，同样也可在用户模型中加关联到影片模型的方法 movies()。

2. Genre 和 Movie 间存在多对多关系

需要通过中间表实现。中间表中有 2 个外键，分别引用 Genre 主键和 Movie 主键。在 Genre 模型中可加 movies() 方法，实现从 Genre 关联到多个 Movie；同样，在 Movie 模型中可加 genres() 方法，实现从 Movie 关联到多个 Genre。

10.2 项目搭建和配置

10.2.1 安装 Laravel 框架

先切换到 XAMPP 的 htdocs 目录，然后输入创建 Laravel 项目命令，如下所示：

```
cd c:\xampp\htdocs
C:\xampp\htdocs>composer create-project laravel/laravel movie_api
```

在 XAMPP 控制面板中启动 Apache 和 MySQL 服务。

打开浏览器，发送 http://localhost/movie_api/public/ 请求测试。若返回，如图 10-1 所示，则 Laravel 项目框架安装成功。

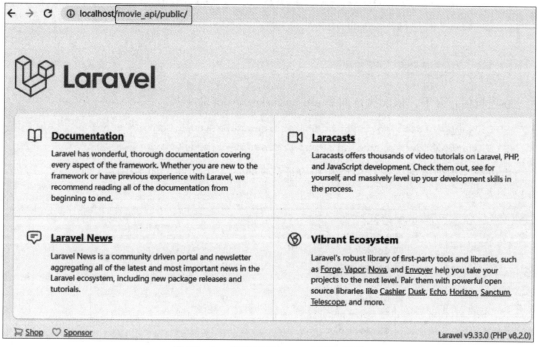

图 10-1　成功安装 Laravel 项目框架

也可打开 Postman 工具，发送同样的请求进行测试，应返回如图 10-2 所示结果。

图 10-2　Postman 工具测试 Laravel 项目框架搭建成功

10.2.2　数据库连接配置

打开项目 .env 文件，找到以 DB_ 为首的多个参数，做如下设置：

```
DB_CONNECTION = mysql
DB_HOST = 127.0.0.1
DB_PORT = 3306
DB_DATABASE = moviedb
DB_USERNAME = root
DB_PASSWORD =
```

浏览器访问 http://localhost/phpMyAdmin 网页，用 phpMyAdmin 工具创建数据库 moviedb。

接下来，用 PhpStorm 工具打开项目文件夹进行后续开发。

10.3 项目模型及数据表实现

10.3.1 生成模型和迁移文件

在项目根目录下，依次执行如下 artisan make：model 命令：

```
PS C:\xampp\htdocs\movie_api>php artisan make:model Genre -m
PS C:\xampp\htdocs\movie_api>php artisan make:model Movie -m
```

生成影片类型模型、影片模型和相应迁移文件的 4 个文件，如图 10 - 3 所示。

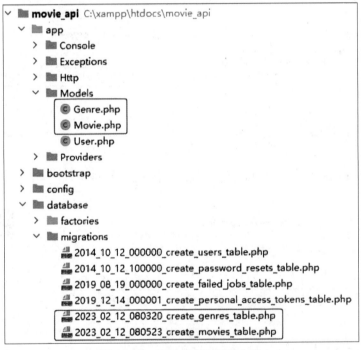

图 10 - 3　生成模型和迁移文件

10.3.2 编辑迁移文件

按功能需求，编写迁移文件，如下所示：

1. 设置用户表（users）

打开用户迁移文件 2014_10_12_000000_create_users_table.php，编辑 up() 方法，为将来迁移生成的数据表 users 设置字段。如下所示：

```
public function up()
{
```

```
Schema::create('users',function(Blueprint $table){
    $table->id();
    $table->string('name');
    $table->string('email')->unique();
    $table->timestamp('email_verified_at')->nullable();
    $table->string('password');
    $table->rememberToken();
    $table->timestamps();
    //0:普通用户,1:管理员
    $table->integer('role')->default(0);
});
}
```

以上代码添加了角色字段 role。0 值代表普通用户，1 值代表管理员。

2. 设置影片类型表（genres）

打开影片类型迁移文件 2023_02_12_080320_create_genres_table.php，编辑 up() 方法，为将来迁移生成的数据表 genres 设置字段。如下所示：

```
public function up()
{
    Schema::create('genres',function(Blueprint $table){
        $table->id();
        $table->string('name');
    });
}
```

设置 2 个字段：id 为自增主键，name 为影片类型名称。

3. 设置影片表（movies）

打开影片类型迁移文件 2023_02_12_080523_create_movies_table.php，编辑 up() 方法，为将来迁移生成的数据表 movies 设置字段。如下所示：

```
public function up()
{
    Schema::create('movies',function(Blueprint $table){
        $table->id();  //自增主键 id
        $table->timestamps();
        $table->string('title');  //片名 title
        $table->string('posterImgUrl');  //海报图文件路径
        $table->string('director');  //导演
        $table->date('initialReleaseDate');  //发布日期
        $table->integer('runtime');  //时长
        $table->text('summary');  //剧情简介
        $table->bigInteger('create_user_id')->unsigned();  /* 创建者 ID,引用 users(id)*/
        //创建者 id 为外键，引用 users 表主键 id 值
```

```
        $table->foreign('create_user_id')->references('id')->on('users');
    });
}
```

注意，最后设置的 create_user_id 字段（创建者 ID）类型需要与引用主键类型 bigInteger 一致，否则会报错。此处作为外键，引用 users 表主键 id 值。

4. 设置中间表

需额外创建 movie_genres 数据表对应的迁移文件。在项目目录下执行以下命令：

```
php artisan make:migration create_movie_genres_table --create=movie_genres
```

生成中间表 movie_genres 的迁移文件，如图 10-4 所示。

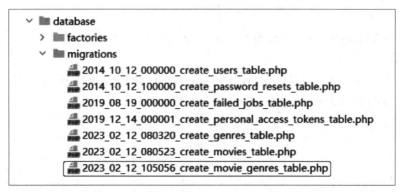

图 10-4　生成中间表 movie_genres 的迁移文件

打开 database\migrations\2023_02_12_105056_create_movie_genres_table 迁移文件，编写迁移方法 up()，如下所示：

```
public function up()
{
    Schema::create('movie_genres',function(Blueprint $table){
        $table->id();
        // $table->timestamps();
        $table->bigInteger('movie_id')->unsigned();
        $table->bigInteger('genre_id')->unsigned();
        $table->foreign('movie_id')->references('id')->on('movies');
        $table->foreign('genre_id')->references('id')->on('genres');
    });
}
```

在中间表添加 2 个字段，分别为引用 movies 表主键用的 movie_id 和引用 genres 表主键用的 genre_id。

接下来，在项目目录下执行如下迁移命令：

```
PS C:\xampp\htdocs\movie_app>php artisan migrate
```

倘若出错，则用以下命令回滚上次的迁移结果：

```
php artisan migrate:rollback
```

若正常，则会在数据库 moviedb 中创建 8 个相应数据表，如图 10-5 所示。

其中，users（用户表）、genres（分类表）、movies（影片表）、movie_genres（影片与分类中间表）皆为项目实现过程中所用的表。

10.3.3　编辑模型文件

本 API 项目中需要对生成的模型做必要的编辑：设置模型属性，并添加关联方法。

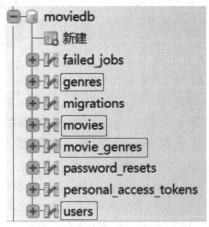

图 10-5　数据库中创建了相应数据表

1. User 模型

打开\App\Models\User.php 文件，对 User 模型类做以下处理：在 $fillable 属性中加入 role 字段；加 movies() 方法，通过 hasMany() 方法定义其与 Movie 的一对多关联。

具体代码如下所示：

```
class User extends Authenticatable
{
    use HasApiTokens,HasFactory,Notifiable;
    protected $fillable=[
        'name',
        'email',
        'password',
        'role',
    ];
    ……
    public function movies(){
    //关联模型、外键、本地主键
        return $this->hasMany(Movie::class,'create_user_id','id');
    }
}
```

2. Genre 模型

打开\App\Models\Genre.php 文件，对 Genre 模型类做以下处理：设置 $guarded 属性值为 []，让所有字段都可添加；加 movies() 方法，通过 belongsToMany() 方法定义 Genre 与 Movie 的一对多关联。

具体代码如下所示：

```
class Genre extends Model
{
    use HasFactory;
```

```
    protected $guarded=[];//创建实例时,所有字段皆可添加
    //关联模型、中间表、本模型外键、关联模型外键
    public function movies() {
        return $this->belongsToMany(Movie::class, 'movie_genres','genre_id','movie_id');
    }
}
```

belongsToMany()方法中的参数Movie::clas为关联模型类、movie_genres为中间表、genre_id和movie_id分别是中间表的2个外键(本模型外键、关联模型外键)。

3. Movie 模型

打开\App\Models\Movie.php文件,对Movie模型类做如下处理:设置$guarded属性值为[],让所有字段都可添加;加user()方法,通过belongsTo()方法定义Movie与User的一对一关联;加genres()方法,通过belongsToMany()方法定义Movie与Genre的一对多关联。

```
class Movie extends Model{
    use HasFactory;
    protected $guarded=[];    //创建实例时,所有字段皆可添加
    public function user(){    //关联模型、外键、主键
        return $this->belongsTo('App\Models\User','create_user_id','id');
    }
    public function genres()    {//关联模型、中间表、本模型外键、关联模型外键
        return $this->belongsToMany(Genre::class,'movie_genres','movie_id','genre_id');
    }
}
```

belongsToMany()方法中的参数Genre::clas为关联模型类、movie_genres为中间表、movie_id和genre_id分别是中间表的2个外键(本模型外键、关联模型外键)。

10.3.4 添加 Seeder 数据

用户模型数据包括管理员用户admin、普通用户bob,影片类型模型数据包括动作片、冒险片、喜剧片、剧情片、幻想片、恐怖片、爱情片、历史片,都可通过Laravel的Seeder功能自动填充实现。

打开 App\database\seeders\DatabaseSeeder.php 文件,编写如下代码:

```
class DatabaseSeeder extends Seeder
{
    public function run()
    {
        //管理员用户admin,普通用户bob
        \App\Models\User::factory()->create([
            'name'=>'admin',
```

```
            'email' => 'admin@example.com',
            'password' => Hash::make('admin@pass'),  /* Illuminate\Support\Facades\Hash*/
            'role' => 1,
        ]);
        \App\Models\User::factory()->create([
            'name' => 'bob',
            'email' => 'bob@example.com',
            'password' => Hash::make('bob@pass'),
            'role' => 0,
        ]);
        //影片类型模型数据
        $genres = ['动作片','冒险片','喜剧片','剧情片','幻想片','恐怖片','爱情片','历史片',];
        foreach($genres as $genre){
            DB::table("genres")->insert(   //Illuminate\Support\Facades\DB
                ['name' => $genre],
            );
        }
    }
}
```

执行数据"播种"命令，如下所示：

```
PS C:\xampp\htdocs\movie_api> php artisan db:seed
```

用 Chrome 浏览器访问 http://localhost/phpMyAdmin，在 phpMyAdmin 工具中可观察到在表 users 和表 genres 中分别填充了 2 行数据和 8 行数据，如图 10-6 和图 10-7 所示。

图 10-6　表 users 中填充了 2 行数据

图 10-7　表 genres 中填充了 8 行数据

10.4　项目控制器实现

10.4.1　基础控制器

在 App\Http\Controller 目录中创建 API 子目录，然后在 API 目录中创建 BaseController.php 文件。分别针对正常处理和异常处理，统一返回 JSON 格式的结果。如下所示：

```php
class BaseController extends Controller
{
    public function handleResponse($result=[],$msg,$stausCode=200) {
        $res=[
            'success'=>true,
            'data'   =>$result,
            'message'=>$msg,
        ];
        return response()->json($res,$stausCode);
    }
    public function handleError($errorData=[],$errorMsg,$stausCode=404) {
        $res=[
            'success'=>false,
            'data'   =>$errorData,
            'message'=>$errorMsg,
        ];
        return response()->json($res,$stausCode);
    }
}
```

10.4.2 认证控制器

1. 编写认证控制器 AuthController

在 App\Http\Controller\API 目录中创建 AuthController.php 文件。令 AuthController 继承 BaseController，并实现用户登录、退出和注册方法。如下所示：

```php
namespace App\Http\Controllers\API;
use Illuminate\Http\Request;
use Illuminate\Support\Facades\Auth;
use App\Http\Controllers\API\BaseController as BaseController;
use App\Models\User;
use Validator;
class AuthController extends BaseController{
    public function login(Request $request){
        if(Auth::attempt(
            ['email'=>$request->email,'password'=>$request->password])){
            $auth=Auth::user();
            $success['token']
                =$auth->createToken($auth->email)->plainTextToken;
            $success['name']=$auth->name;
            return $this->handleResponse($success,'用户登录成功');
        }else{//($errorData=[],$errorMsg,$stausCode=404)
            return $this->handleError(['error'=>'登录失败'],'登录失败',401);
```

```php
    }
    public function logout() {
        if(auth()->user()->currentAccessToken()->delete()){
            $success['name']=auth()->user()->name;
            return $this->handleResponse($success,'用户已退出');
        }
    }
    public function register(Request $request)  {
        $validator=Validator::make($request->all(),[
            'name' => 'required',
            'email' => 'required|email',
            'password' => 'required',
            'confirm_password' => 'required|same:password',
        ]);
        if($validator->fails()){
            $this->handleError(['error'=>$validator],'数据验证未通过',422);
        }
        $input = $request->all();
        $input['password']=bcrypt($input['password']);
        $user=User::create($input);
        $success['token']
            = $user->createToken($user->email)->plainTextToken;
        $success['name'] = $user->name;
        return $this->handleResponse($success,'用户注册成功');
    }
}
```

注：登录和注册方法 login()、register() 成功后，都会创建 Token 并返回给客户端。

2. 配置 API 中间件

打开 App\Http\Kernel.php，去除 "api" 中对 EnsureFrontendRequestsAreStateful 中间件的注释，如下所示：

```php
protected $middlewareGroups=[
    ……
    'api' => [
        \Laravel\Sanctum\Http\Middleware\EnsureFrontendRequestsAreStateful::class,
        'throttle:api',
        \Illuminate\Routing\Middleware\SubstituteBindings::class,
    ],
];
```

此外，修改 App\http\Middleware\Authenticate.php 文件，加入 unauthenticated() 方法定制无权访问时返回的信息。如下所示：

```
protected function unauthenticated($request,array $guards){
    abort(response()->json(['code'=>401,'message'=>'用户未验证']));
}
```

3. 测试

在 routes\api.php 文件中添加 3 条路由，分别做注册、登录和退出操作。如下所示：

```
Route::post('register','App\Http\Controllers\API\AuthController@register');
Route::post('login',[AuthController::class,'login']);
Route::get('logout',[AuthController::class,'logout'])->middleware('auth:sanctum');
```

（1）测试注册。

用 Postman 测试 POST 请求 http://localhost/movie_api/public/api/register，同时需设置如下 Raw/JSON 类型的 body 参数：

```
{
  "name":"ada",
  "email":"ada@example.com",
  "password":"ada@example.com",
  "confirm_password":"ada@example.com","role":0
}
```

注：前 4 个参数是 Laravel 9 系统中用户注册常规参数，role 参数是按照项目需求增加的。

单击 Send 按钮，返回操作成功的 JSON 格式数据，如图 10-8 所示。

图 10-8 测试注册，返回成功的 JSON 格式数据

注意，在以上返回的 JSON 格式数据中含有相应的 Token（令牌）值：

```
1 |amn6MDRmYJdMAirRSuOnH7llHF5C5PJl2q3GXbkv
```

用 Chrome 浏览器访问 http://localhost/phpMyAdmin，在 phpMyAdmin 工具中打开数据库，可发现 users 表中多了一条 ada 用户记录。其中的密码是加密后保存的，如图 10 – 9 所示。

id	name	email	email_verified_at	password	remember_token	created_at	updated_at	role
1	admin	admin@example.com	2023-02-13 00:52:46	$2y$10$Ak1IUxJoe6xuygaiCm3dtO7p690Sd1elwbK9YSbFXtc...	tfsB3TFYRs	2023-02-13 00:52:46	2023-02-13 00:52:46	1
2	bob	bob@example.com	2023-02-13 00:52:46	$2y$10$HmgOAxyEAz.qXvUp/RXELu1GhRhD.0kG0iM//k53BsF...	hiRkFHZwFD	2023-02-13 00:52:46	2023-02-13 00:52:46	0
3	ada	ada@example.com	NULL	$2y$10$1aRbc1s0QtldC2tn37GMpOIMQ2jnzvu3qwGHLi35FW4...	NULL	2023-02-14 03:34:38	2023-02-14 03:34:38	0

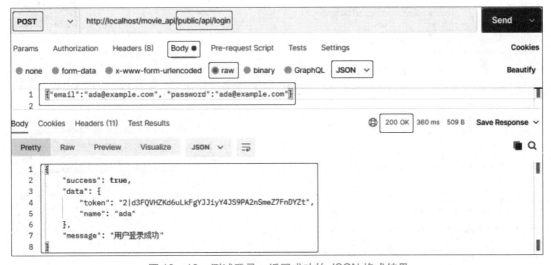

图 10 – 9 users 表中多了一条 ada 用户记录

（2）测试用户登录。

用 Postman 测试 POST 请求 http://localhost/movie_api/public/api/login，另需设置如下 Raw/JSON 类型的 body 参数：

```
{
    "email":"ada@ example.com",
    "password":"ada@ example.com"
}
```

单击 Send 按钮，返回操作成功的 JSON 格式结果，如图 10 – 10 所示。

图 10 – 10 测试登录，返回成功的 JSON 格式结果

注意，在返回的 JSON 信息中也含有相应的 Token（令牌）值：

```
2 |d3FQVHZKd6uLkFgYJJiyY4JS9PA2nSmeZ7FnDYZt
```

（3）测试退出。

用 Postman 测试 GET 请求 http://localhost/movie_api/public/api/logout，另需设置头信息 Accept:application/json。注意，此时并未在 Authoritarian 中加 Token。单击 Send 按钮，返回

如图 10-11 所示结果。这说明：退出时，需要登录验证用户才能操作。

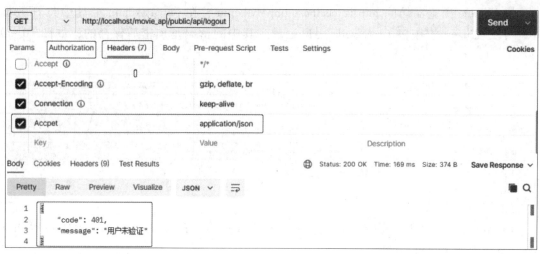

图 10-11　测试退出，未登录状态下返回 401 状态码

加上 Authorization，选择 Type 为 Bearer Token，输入登录后返回的 Token 值：

2|d3FQVHZKd6uLkFgYJJiyY4JS9PA2nSmeZ7FnDYZt

单击 Send 按钮，返回用户退出结果信息，如图 10-12 所示。

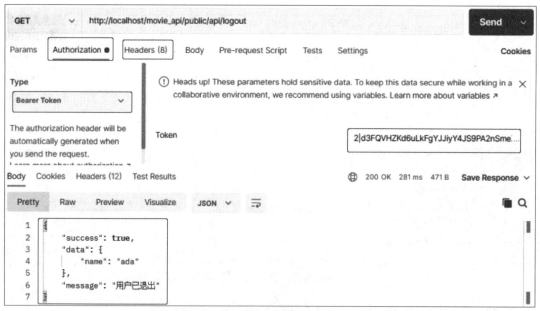

图 10-12　测试退出，登录状态下返回成功信息

Token 值为登录时返回的值，代表着用户的"登录身份"，访问需验证资源时，必须正确输入。这里返回了成功信息，说明 Token 值已删除，即便再带上该 Token 值，用户状态也是未登录状态。

10.4.3 API 资源控制器

1. 创建 API 资源控制器

在 C:\xampp\htdocs\movie_api 目录下,用命令创建 Genre 和 Movie 相关控制器,如下所示:

```
php artisan make:controller App\Http\Controllers\API\GenreController --api
php artisan make:controller App\Http\Controllers\API\MovieController --api
```

2. 实现影片类型控制器

(1) 功能实现。

因为影片类型数据无须维护,仅需实现列表显示方法 index() 即可。

打开 App\Http\Controllers\API\GenreController.php 文件,编写代码,如下所示:

```php
class GenreController extends BaseController
{
    public function index() {
        $genres = \App\Models\Genre::all();
        return $this->handleResponse($genres,'已获取分类信息');
    }
    public function store(Request $request){ }
    public function show($id){ }
    public function update(Request $request,$id){ }
    public function destroy($id){ }
}
```

注意,控制器类 GenreController 必须继承 BaseController,方便返回 JSON 格式结果。

(2) 测试。

在 routes\api.php 下添加如下路由:

```
Route::get('genres', \App\Http\Controllers\API\GenreController::index());
```

用 Postman 测试 GET 请求 http://localhost/movie_api/public/api/genres,返回结果如图 10-13 所示。

图 10-13 测试 GET 请求的返回结果

3. 编辑影片控制器

影片控制器是整个项目核心,功能主要包括影片新增、影片显示列表、影片详情、影片修改和影片删除。

打开 App\Http\Controllers\API\MovieController.php 文件(注意,控制器类继承 BaseController),然后编辑代码,分别实现针对影片的各项功能。

(1)新增影片功能。

①方法实现。

在 MovieController 类中编写 store() 方法,实现新增功能,如下所示:

```php
namespace App\Http\Controllers\API;
use App\Models\Movie;
use Illuminate\Http\Request;
use Illuminate\Support\Facades\Validator;
class MovieController extends BaseController
{
    public function store(Request $request) {
        $validator = Validator::make($request->all(),[
            'title' => 'required',
            'runtime' => 'integer|between:0,1000',
            'initialReleaseDate' => 'date',
        ]);
        if($validator->fails()){
            return $this->handleError($validator->errors(),'输入数据未通过验证',422);
        }
        $data = $request->only('title','posterImgUrl',
        'director','initialReleaseDate','runtime','summary',
        );  //'genres');
          $data['create_user_id']=1;   //Auth::user()->id;
        $movie = new Movie($data);
        $movie->save();
        if(is_array($request->genres) && sizeof($request->genres)>0){/* 设置中间表值*/
            $movie->genres()->attach($request->genres);//attach([1,2]);
        }
        try{
            $movie->saveOrFail();
            return $this->handleResponse($movie,'影片信息已创建');
        }catch(\Throwable $e){
            return $this->handleError([$e],'新增影片信息出错',422);
        }
    }
}
```

注：这里暂时将创建者 ID 设置为 1，后期验证功能时，再修正为 Auth::user() -> id。

②测试。

在 routes\api. php 下添加如下路由：

```
Route::post('movies',['\App\Http\Controllers\API\MovieController','store']);
```

用 Postman 测试 POST 请求 http://localhost/movie_api/public/api/movies（注意，在 Body 中输入添加影片信息所需的 Raw/JSON 数据），代码如下：

```
{
    "title":"大闹天宫","posterImgUrl":"https://img50.ddimg.cn/99999990001469930.jpg",
    "director":"万籁鸣、唐澄","initialReleaseDate":"1961-1-1","runtime":113,
    "summary":"孙悟空闹龙宫获金箍棒,被龙王告状后骗到天庭当弼马温、管理蟠桃园,后大闹天宫,被压五指山下。",
    "genres":[1,2]}
```

单击 Send 按钮，返回如图 10-14 所示结果。

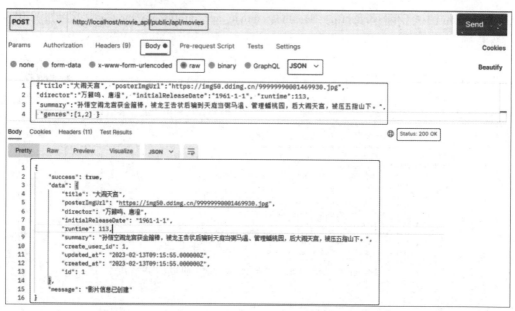

图 10-14　处理 POST 请求/movies，返回新增影片成功结果

使用浏览器访问 http://localhost/phpMyAdmin 网页，可观察到在 movies 表中添加了一条记录，在 movie_genres 中间表中添加了 2 条记录，如图 10-15 和图 10-16 所示。

id	created_at	updated_at	title	posterImgUrl	director	initialReleaseDate	runtime	summary	create_user_id
1	2023-02-13 09:15:55	2023-02-13 09:15:55	大闹天宫	https://img50.ddimg.cn/99999990001469930.jpg	万籁鸣、唐澄	1961-01-01	113	孙悟空闹龙宫获金箍棒，被龙王告状后骗到天庭当弼马温、管理蟠桃园，后大闹天宫，被压五指山下。	1

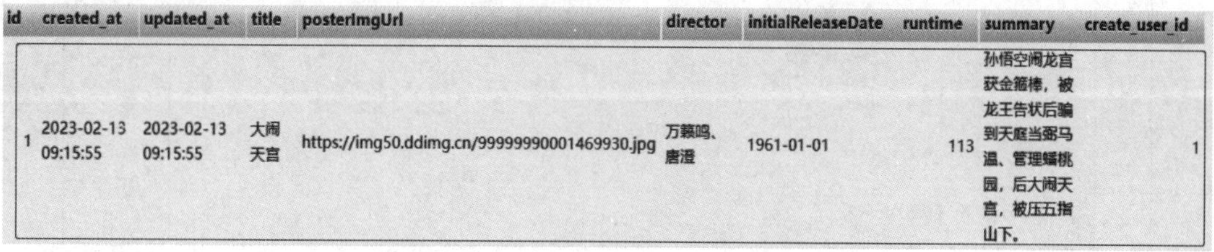

图 10-15　在 movies 表中添加了一条记录

注：以同样方式插入若干测试数据，方便后续开发测试。

（2）显示列表功能。

①方法实现。

在 MovieController 类中编写 index( ) 方法，实现显示影片列表的功能，如下所示：

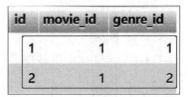

图 10 – 16　在 movie_genres 中间表中添加了 2 条记录

```
public function index()
{
    $movies = Movie::with('genres')->get();
    return $this->handleResponse($movies,'返回影片列表',200);   //200 可省略
}
```

②测试。

在 routes\api.php 下添加如下路由：

```
Route::get('movies',['\App\Http\Controllers\API\MovieController','index']);
```

用 Postman 测试 GET 请求 http://localhost/movie_api/public/api/movies。返回如图 10 – 17 所示结果。

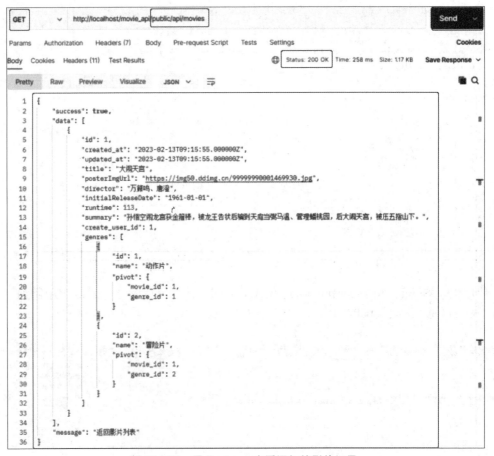

图 10 – 17　用 Postman 查看添加的影片记录

（3）影片详情功能。

①方法实现。

在 MovieController 类中编写 show( ) 方法，返回指定主键 id 值对应影片的详情，如下所示：

```php
public function show($id)
{
    try{
        $movie = Movie::with('genres')->find($id);
        if($movie == null){
            return $this->handleError(null,'影片不存在',404);
        }
        return $this->handleResponse($movie,'返回影片信息',200);
    }catch(\Exception|\Error $e){
        return $this->handleError(null,'影片不存在',404);
    }
}
```

②测试。

在 routes\api.php 下添加如下路由：

```php
Route::get('movies/{movie}',['\App\Http\Controllers\API\MovieController','show']);
```

用 Postman 测试 GET 请求 http://localhost/movie_api/public/api/movies/1，返回结果，如图 10-18 所示。

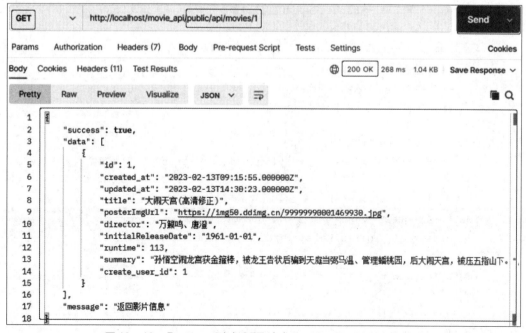

图 10-18　Postman 测试 GET 请求/movies/1，返回正常结果

将 Postman 的 GET 请求改为 http://localhost/movie_api/public/api/movies/10，则因 id = 10 的影片不存在，所以，返回了 404 错误信息，如图 10 – 19 所示。

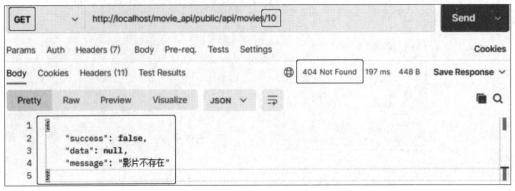

图 10 – 19　用 Postman 测试 GET 请求/movies/10，返回 404 错误信息

（4）影片修改功能。

①方法实现。

在 MovieController 类中编写 update( ) 方法，对影片信息进行修改，如下所示：

```
public function update(Request $request,$id)
{
    $movie=null;
    try{
        $movie=Movie::with('genres')->find($id);  /* find 返回 elequent 对象,get()返回集合*/
    }catch(\Throwable $e){
        return $this->handleError(null,'影片不存在,不可修改',404);
    }
    $validator=Validator::make($request->all(),[
        'title'=>'required',
        'runtime'=>'integer|between:0,1000',
        'initialReleaseDate'=>'date',
    ]);
    if($validator->fails()){
        return $this->handleError($validator->errors(),'修改数据未通过验证',422);
    }
    $data=$request->only('title','posterImgUrl',
        'director','initialReleaseDate','runtime','summary',
    );
    $data['create_user_id']=1;  //目前测试用,后面可修正为:Auth::user()->id;
    try{
        $cnt=$movie->update($data);
        if($cnt==0){
```

```
            return $this->handleError(null,'修改影片信息出错！',422);
        }
        if(is_array($request->genres)&& sizeof($request->genres)>0){
            $movie->genres()->sync($request->genres);    /* 注意,不用 attach,
而用 sync 修正*/
        }
        return $this->handleResponse($movie,'影片信息已修改');
    }catch(\Throwable $e){
        return $this->handleError($e,'修改影片信息出错',422);
    }
}
```

② 测试。

在 routes\api.php 下添加如下路由：

```
Route::put('movies/{movie}',['\App\Http\Controllers\API\MovieController','update']);
```

用 Postman 测试 PUT 请求 http://localhost/movie_api/public/api/movies/1。在 Body 中输入修改影片信息所需的 Raw/JSON 数据，如下：

```
{
    "title":"大闹天宫（高清修正）","posterImgUrl":"https://img50.ddimg.cn/99999990001469930.jpg",
    "director":"万籁鸣、唐澄","initialReleaseDate":"1961-1-1","runtime":113,
    "summary":"孙悟空闹龙宫获金箍棒,被龙王告状后骗到天庭当弼马温、管理蟠桃园,后大闹天宫,被压五指山下。",
    "genres":[3,4]
}
```

注意：title 值和 genres 值有改变。

单击 Send 按钮，返回结果，如图 10-20 所示。

通过浏览器访问 http://localhost/phpMyAdmin 网页，可观察到：在 movies 表中，相应记录中的字段值有变化，在 movie_genres 中间表中，原有的 2 条记录值也改变了，如图 10-21 和图 10-22 所示。

（5）影片删除功能。

对影片实施删除功能前，用 Postman 先加一条测试数据，如图 10-23 所示。

用 phpMyAdmin 查看，数据库 movies 表和 movie_genres 中间表中也插入了相应记录，如图 10-24 和图 10-25 所示。

① 方法实现。

在 MovieController 类中编写 destroy() 方法，删除指定主键 id 值对应影片，如下所示：

```
public function destroy($id)
{
    $movie=Movie::with('genres')->find($id);
    if($movie==null){
```

图 10 –20　Postman 测试 PUT 请求/movies/1，返回修改成功数据

图 10 –21　movies 表中相应记录中字段值有变化

id	movie_id	genre_id
1	1	3
2	1	4

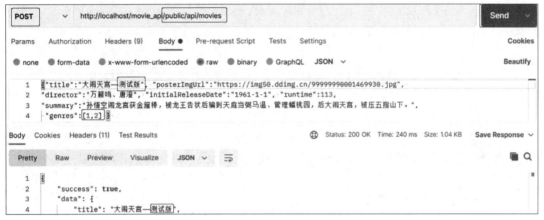

图 10－22　movie_genres 中间表中原有的 2 条记录值发生了改变

图 10－23　用 Postman 先加一条测试数据

2	2023-02-14 00:52:05	2023-02-14 00:52:05	大闹天宫——测试版	https://img50.ddimg.cn/99999990001469930.jpg	万籁鸣、唐澄	1961-01-01	113	孙悟空闹龙宫获金箍棒，被龙王告状后骗到天庭当弼马温、管理蟠桃园，后大闹天宫，被压五指山下。	1

图 10－24　movies 表中新增了 1 条记录

id	movie_id	genre_id
1	1	3
2	1	4
7	2	1
8	2	2

图 10－25　movie_genres 中间表中新增了 2 条记录

```
        return $this->handleError(null,'操作异常:删除影片不存在',422);
    }
```

```
        DB::transaction(function()use($movie){   //use($movie)传入参数
            if($movie->genres()!=null && $movie->genres()->count()>0){
                //去除中间表关联,也可在迁移文件设置外键时加->onDelete('cascade');
                $movie->genres()->detach();
            }
            //注意,DB::transaction中,return 不会返回。
            $movie->delete();
        });
        if(!$movie->exists){
            return $this->handleResponse($movie,'影片删除成功',200);
        }else{
            return $this->handleError(null,'影片删除异常',422);
        }
    }
```

注意：因为需要先删除中间表关联记录，再删除 moves 记录，所以，在此处使用了事务处理。另外，事务处理方法中，return 结果无法返回，因此，将 return 语句移至外部编写。

②测试。

在 routes\api.php 下添加如下路由：

```
Route::delete('movies/{movie}',['\App\Http\Controllers\API\MovieController','destroy']);
```

用 Postman 测试 DELETE 请求 http://localhost/movie_api/public/api/movies/2，返回结果，如图 10-26 所示。

图 10-26 Postman 测试 DELETE 请求/movies/2，返回删除成功结果

再次删除，则因 id 值为 2 的影片已不存在，返回如图 10-27 所示失败结果。

注意，访问以上 Movie 相关的 API 资源时，都需要验证用户才能访问，所以配置路由时，应该加上用户验证（auth:sanctum）。为此，打开 App/routes/api.php 文件，修改代码如下所示：

```
Route::middleware('auth:sanctum')->group(function(){
    Route::post('movies',['\App\Http\Controllers\API\MovieController','store']);
```

第 10 章　Web API 项目实战

图 10-27　Postman 测试 DELETE 请求/movies/2，返回删除失败结果

```
    Route::get('movies',['\App\Http\Controllers\API\MovieController','index']);
    Route::get('movies/{movie}',['\App\Http\Controllers\API\MovieController',
'show']);
    Route::put('movies/{movie}',['\App\Http\Controllers\API\MovieController',
'update']);
    Route::delete('movies/{movie}',['\App\Http\Controllers\API\MovieCon-
troller','destroy']);
});
```

受篇幅所限，对以上 5 个资源访问的验证测试就不做展开了。

（6）更正创建者 ID 为登录用户 ID。

为新增和编辑功能更正创建者 ID 值，设置 create_user_id 值为登录用户 ID 值。

打开 App\Http\Controllers\MovieController.php，在其 store() 和 update() 方法中，修改 $data['create_user_id'] 设置代码，如下所示：

　　$data['create_user_id'] = Auth::user()->id;

用管理员用户 admin 登录，然后发送新增影片请求，在数据库中可看到新增记录中插入了正确的 create_user_id 值，如图 10-28 所示。

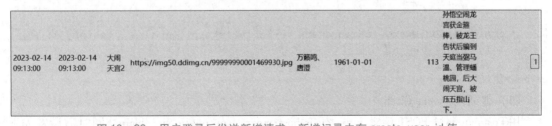

图 10-28　用户登录后发送新增请求，新增记录中有 create_user_id 值

10.5　角色中间件实现

10.5.1　创建角色中间件

用命令生成 IsAdminRole 中间件。如下所示：

```
PS C:\xampp\htdocs\movie_api >php artisan make:middleware IsAdminRole
```

打开 App\Http\Middleware\IsAdminRole.php 文件，编辑 handle() 方法，如下所示：

```
public function handle(Request $request,Closure $next)
{
    $user = Auth::user();
    if($user->role! =1){
        //throw new AuthenticationException();
        abort(response()->json(['code'=>401,'message'=>'用户权限不够']));
    }
    return $next($request);
}
```

10.5.2 注册角色中间件

在 Kernel.php 文件中，将 IsAdminRole 中间件加入 $routeMiddleware 中，并为该中间件分配 admin.check 键。如下所示：

```
protected $routeMiddleware =[
    ......
    //注册自定义中间件：
    'admin.check' => \App\Http\Middleware\IsAdminRole::class,
];
```

10.5.3 使用角色中间件

1. 为控制器特定方法配置中间件

打开 App\Http\Controllers\MovieController.php 文件，在其构造器中，配置角色中间件 admin.check(IsAdminRole) 对 store()、update()、destroy() 三个方法有效。代码如下所示：

```
public function __construct()
{
    $this->middleware('admin.check')->only('store','update','destory');
}
```

2. 测试

（1）普通用户 ada 登录。

用 Postman 测试 POST 请求 http://localhost/movie_api/public/api/login，同时需设置如下 Raw/JSON 类型的 body 参数：

```
{"email":"ada@example.com","password":"ada@example.com"}
```

单击 Send 按钮，返回结果如图 10-29 所示。

用 Postman 工具访问 GET 请求 http://localhost/movie_api/public/api/movies。注意，将 ada 登录返回 Token 值 3 | uC5CYudYq4AtsCngJDkqZ59orEqOA34O5YeJEQOg 写入信息头 Authorization 中。

第 10 章　Web API 项目实战

图 10−29　Postman 测试 POST 请求/api/login，返回登录成功信息

单击 Send 按钮，返回正确结果，如图 10−30 所示。

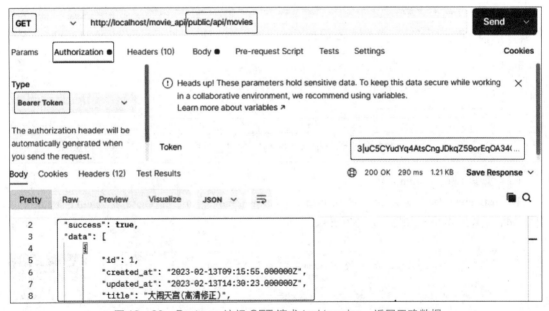

图 10−30　Postman 访问 GET 请求/api/movies，返回正确数据

接下来用 ada 用户访问 PUT 请求 http://localhost/movie_api/public/api/movies/1，即 ada 用户修改 id 值为 1 的影片信息。

在 Postman 中，同样是加入 ada 登录后的 Token 值，并在 Body 中加入 Raw/JSON 参数，如下：

```
{
    "title":"大闹天宫","posterImgUrl":" https://img50.ddimg.cn/999999990001469930.jpg",
    "director":"万籁鸣、唐澄","initialReleaseDate":"1961-1-1","runtime":113,
    "summary":"孙悟空闹龙宫获金箍棒,被龙王告状后骗到天庭当弼马温、管理蟠桃园,后大闹天宫,被压五指山下。",
    "genres":[5,6]
}
```

单击 Send 按钮，返回了"用户权限不够"的结果，如图 10-31 所示。

图 10-31　Postman 访问 PUT 请求/api/movies/1，返回"用户权限不够"信息

（2）管理员用户 admin 登录。

在 Postman 工具中发送 GET 请求 http://localhost/movie_api/public/api/logout，将原登录用户 ada 先退出系统，如图 10-32 所示。

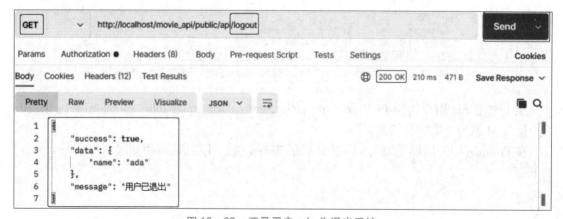

图 10-32　登录用户 ada 先退出系统

用 Postman 发送 POST 请求 http://localhost/movie_api/public/api/login，同时需设置如下 Raw/JSON 类型的 body 参数：

{"email":"admin@ example.com","password":"admin@ example.com"}

单击 Send 按钮，返回结果如图 10 – 33 所示。

图 10 – 33　管理员用户 admin 进行登录

接下来 admin 用户访问 PUT 请求 http://localhost/movie_api/public/api/movies/1。

注意，Authorization 信息头中 Token 值应填写 admin 登录后返回的 Token 值。若执行后返回了修改成功的信息，说明角色中间件起了作用，如图 10 – 34 所示。

图 10 – 34　管理员角色用 admin 有权完成修改操作

10.6 路由实现

确认整个项目的路由设置,为不同的功能路由配置中间件(验证中间件、角色中间件)。打开 routes\api.php 文件,具体代码如下:

```
Route::post('register','App\Http\Controllers\API\AuthController@register');
Route::post('login',[App\Http\Controllers\API\AuthController::class,'login']);
Route::get('logout',[App\Http\Controllers\API\AuthController::class,'logout'])
->middleware('auth:sanctum');

Route::get('genres',['\App\Http\Controllers\API\GenreController','index']);
//Movie 访问需要验证
Route::middleware('auth:sanctum')->group(function(){
    Route::post('movies',['\App\Http\Controllers\API\MovieController','store']);
    Route::get('movies',['\App\Http\Controllers\API\MovieController','index']);
    Route::get('movies/{movie}',['\App\Http\Controllers\API\MovieController','show']);
    Route::put('movies/{movie}',['\App\Http\Controllers\API\MovieController','update']);
    Route::delete('movies/{movie}',['\App\Http\Controllers\API\MovieController','destroy']);
});
```

代码说明如下:

(1)注册 register、登录 login 时,无须验证用户。

(2)退出系统 logout 时,需要验证用户方能操作,因此配置了 auth:sanctum 中间件。

(3)访问影片类型列表 genres 时,即使信息不敏感,也无须验证用户。

(4)访问影片资源,都需验证用户,并且对于新增(store)、编辑(update)和删除(destory)操作,还需验证用户为管理员角色。